2011—2020年国家古籍整理出版规划项目
『十三五』国家重点出版物出版规划项目

中国兰花古籍注译丛书

树蕙编

(清)方时轩 著
莫磊 王忠 王智勇 吴虹 译注校订

中国林业出版社

图书在版编目（CIP）数据

树蕙编/（清）方时轩著；莫磊等译注校订．—北京：中国林业出版社，2019.10
（中国兰花古籍注译丛书）

ISBN 978-7-5219-0355-3

Ⅰ.①树… Ⅱ.①方… ②莫… Ⅲ.①兰科－花卉－观赏园艺 Ⅳ.①S682.31

中国版本图书馆CIP数据核字（2019）第258599号

树蕙编

Shùhuìbiān

责任编辑：何增明　邹　爱

插　　图：石　三

出版发行：中国林业出版社（100009 北京西城区刘海胡同 7 号）

电　　话：010-83143517

印　　刷：固安县京平诚乾印刷有限公司

版　　次：2020 年 1 月第 1 版

印　　次：2020 年 1 月第 1 次印刷

开　　本：710mm × 1000mm　1/16

印　　张：11.5

字　　数：205 千字

定　　价：78.00 元

序

明朝人余同麓的《咏兰》诗中有“寸心原不大，容得许多香”的诗句。我想这个许多的“香”，应不只是指香味香气的“香”，还应是包括兰花的历史文化之“香”，即史香、文化香。人性的弱点之一是有时有所爱就有所偏，一旦偏爱了，就会说出不符合实际的话来。友人从京来，说是京中每有爱梅花者，常说梅花在主产我国的诸多花卉中，其历史文化是最丰厚的；友人从洛阳来，又说洛中每有爱牡丹者，常说牡丹在主产我国的诸多花卉中，其历史文化是最丰富的。他们爱梅花、爱牡丹，爱之所至，关注至深，乃有如上的结论。我不知道他们是否考察过主产于我国的国兰的历史文化。其实，只要略为考察一下就可知道，在主产于我国的诸多花卉中，历史文化最为厚重的应该是兰花。拿这几种花在中华人民共和国成立前后所出的专著来说，据1990年上海文化出版社出版的由花卉界泰斗陈俊愉、程绪珂先生主编的《中国花经》所载，我们可看到，历代有关牡丹的专著有宋人仲休的《越中牡丹花品》等9册，有关梅花的专著有宋人张镃的《梅品》等7册，而兰花的专著则有宋人赵时庚的《金漳兰谱》等多达17册。至于中华人民共和国成立后这几种花的专著的数量，更是有目共睹，牡丹、梅花的专著虽然不少，但怎及兰花的书多达数百种，令人目不暇接！更不用说关于兰花的杂志和文章了。历史上有关兰花的诗词、书画、工艺品，在我国数量之多、品种之多、覆盖面之广，也是其他主产我国的诸多花卉所不能企及的。

我国兰花的历史文化来头也大，其源盖来自联合国评定的历史文化名人、大思想家、教育家孔子和我国最早的伟大浪漫主义爱国诗人屈原。试问，有哪种花的历史文化有如此显赫的来头。其源者盛大，其流也必浩荡。笔者是爱兰的，但笔者不至于爱屋及乌，经过多方面的考察，实事求是地说，在主产我国的诸种花卉中，应是以国兰的历史文化最为厚重。

如此厚重、光辉灿烂、丰富多彩的兰花历史文化，在我们这一代里能否得到发扬光大，就要看当代我国兰界的诸君了。

弘扬我国兰花的历史文化，其中主要的一项工作是对兰花古籍的整理和研究。近年来已有人潜心于此，做出了一些成绩，这是可喜的。今春，笔者接到浙江莫磊先生的来电，告诉我中国林业出版社拟以单行本形式再版如《第一香笔记》《艺兰四说》《兰蕙镜》等多部兰花古籍，配上插图；并在即日，他们已组织班子着手工作，这消息让人听了又一次大喜过望。回忆十几年前的兰花热潮，那时的兰界，正是热热闹闹、沸沸扬扬、追追逐逐的时候，莫磊先生却毅然静坐下来，开始了他的兰花古籍整理研究出版工作。若干年里，在他孜孜不倦的努力下，这些书籍先后都一一得以出版，与广大读者见面，受到大家的喜爱。

十余年后的现今，兰市已冷却了昔日的滚滚热浪，不少兰人也不再有以往对兰花的钟爱之情，有的已疏于管理，有的已老早易手，但莫磊先生却能在这样的时刻与王忠、金振创、王智勇等几位先生一起克服困难，不计报酬，仍能坚持祖国兰花文化的研究工作，他们尊重原作，反复细心考证，纠正了原作初版里存在的一些错误，还补充了许多有关考证和注释方面的内容，并加上许多插图，有了更多的直观性与可读性，无疑使这几百年的宝典，焕发出新意，并在出版社领导的重视下，以全新的面貌与广大读者见面，为推动我国的兰花事业继续不断地繁荣昌盛，必起莫大的推动作用。有感于此，是为之序。

刘清涌

时在乙未之秋于穗市洛溪裕景之东兰石书屋

方時軒先生造像
戊戌仲夏石兰画

《树蕙编》是我国清朝时一册介绍蕙兰的重要专著，从书中记录的时间来看，作者方时轩先生的生活年代历经乾隆、嘉庆、道光三朝。书中所载的石里、东城、西塘等地名，推测方氏或为江苏吴江人，其时居住地可能就在今天吴江区东城沿路一带。先生出身于官宦家庭，家境富裕，年少时受长辈们的训导，勤读四书五经，具有深厚的文化修养，在此同时，也受到爱兰长辈们爱兰情愫的熏陶感化，常有机会接触到兰事、兰花，听爱兰的长辈们说兰花，评兰花，从而默默看在眼里，听在耳里，记在心里。随着年龄的增长，他的兰花情结自然也与日俱深。到了成年之后，一心迷恋上了兰花，尤其是对蕙兰更有至深而独到的情爱，在本书里他写到自己为什么对蕙会有如此深情，乃是因为蕙的“品类之殊，丰标之异，往往为瓯建所不及”；而且“瓯建易花，蕙则不然，得其性则有花，不得其性宁自毙耳”。他崇拜蕙有君子那样不苟且的傲骨，有不媚世的孤高秉性。

苏州吴江的西塘、东城一带地方，水网密布，无高山大川，于是他在有生之年，为了能获得佳兰异蕙，曾一次次跑到远离家乡的深山老林去寻觅采选。本书《杂志》中记有他自己上山采兰蕙的一首七绝诗：“好花原与美人同，国色从来未易逢。拟向岩阿寻遍去，料应西子肯怜侬。”诗歌表达了方时轩不怕山峻道险，渴望有好运气能遇上心仪之花的心情。平时即便在家里，他也从来不肯错过有望获得佳花的机会，是位花肆里、兰摊上、荡口船上拣挑好花的常客，只要有被看中的，他就会不惜钱财买来莳养。在这长长的几十年里，他陆续搜集到一些蕙兰珍品。在采集和莳养蕙兰的实践活动中，开阔了他的眼界，不断增长和积累了他对蕙兰花品、开品的审美以及甄别与鉴赏的能力，终于磨砺成一位多具创见、观点独到的资深艺兰大家。

我们学习《树蕙编》的每个章节，首先要领略方先生这种执着爱蕙和赏鉴独到的真感情。本书自序写于清嘉庆十八年（1813），此时已经基本成书。但书中所记时间直至清道光十五年（1835），可以感知到在这22年漫长的时日里，他虚怀若谷，在实践中不断汲取真知精华，不断考察、补充，反复推敲、修正内容，写成了这样一卷在深度广度上前无古人（也还无今人），这样具有独特个性的蕙兰专著，熠熠地散射着先生一个个兰文化知识的闪光点。

我们研究《树蕙编》，要细细体味方先生对莳蕙工作的精到和对蕙花鉴赏方面的继承和创见。他赞同黄山谷、朱克柔等艺兰前辈的一些理论知识和审美观点，也有自己所提倡“人兰同视”的深刻领悟，自然地把人格、人品和贞节、操守引申到蕙兰的花格、花品、开品和花守中来论述。又在自己和别人的佳花中寻找出细致入微的那些变化特征，归纳出‘正花’‘奇花’‘奇正’‘正奇’‘正中之正’‘奇中之奇’等一系列的审美规律，把做人与养花放在同等高度上来评价，使人感到特别富有新意和创见。

在本书里，我们也有几个小观点，提出来与大家讨论，想听听大家的意见。

一是作者在自序中说的“一干一花香有余者，兰；一干数花而香不足者，蕙。分名别类，本不同科，而世俗概呼之曰兰，误也。”看来方先生也没有忘记前人所强调的兰就是兰，蕙就是蕙，二者不能混称为兰花。而今天世界植物学分类已把所有的兰归纳为the Orchid family，即兰科，不论四季兰、莲瓣兰、寒兰、春兰、蕙兰等等，统统称名为*Cymbidium*；Orchid即兰花。在科的下面再分为属，例如春兰称为*Cymbidium goeringii*（兰科春兰属）；蕙兰称为*Cymbidium faberi*（兰科蕙兰属）。在科的下面各再分为种，各个品种又都有自己的专有名称。准确地说，春兰与蕙兰应是同为兰科，只是属种不同，即古人所称的“兰兄蕙弟”。科学发展斗转星移，所以今天的兰人，请你不可如此再说。

二是本书或其他有关兰的书籍及许多诗文中所指“美人”的概念，应是指理想的人，即德才完美的高人，或说是品德高洁的君子。如《楚辞・离骚》，“惟草木之零落兮，恐‘美人’之迟暮”，如本书《杂志》“幽贞自喻‘美人’

心”。意思多非指貌美的女性。

三是历史地看《树蕙编》，不仅是有关蕙兰的一册古籍专著，同时也是中国兰花事业乃至整个中国社会的一段兴衰史。书中所叙“谋生不知，惟耽艺兰”和石里花农的题辞所赞“蒐兰不惮烦，买兰罄所蓄”的这种好日子，到了道光己丑九年（1829）春所记“连荒之后，薪米不继”和“道光庚寅十年（1830）以后的“旅食皖中……花情顿废，尘虑交侵……”。一连串的生活境遇，我们可一窥当时清末的旧中国，由于历年灾荒和战争，百姓处在水深火热之中，连那么典型的殷实人家都已手头拮据，须到远离家乡的安徽去谋生度日。联想起先前曾经那么热闹的“西塘雅集”也已经尘封久远，多年不再。灾难深重的封建帝国王朝，正在加速衰落为民不聊生、饿殍遍地的半封建半殖民地，谁还有闲情雅致去艺兰树蕙！

我们再来读作者写于嘉庆十九年（1814）的那首《赠梦中美人》诗“……重见玉颜欣更好，只怜予发已萧森”的作者形象，那就是说当本书结稿之时，方时轩先生已变成了头发稀疏的老翁，穷困潦倒的生活遭遇，致使他悉心所撰的《树蕙编》一直藏于自己袖袋，无力付梓出版，只能是以手抄形式少量流传。一直要到民国二十五（1936）年在上海“蟫隐庐”主人，以藏书、刻印、卖书为业的罗振常先生手上才得以正式出版。

岁月悠悠，今天离民间发行《树蕙编》一书，已过去了八十多个年头之久，如此好书之所以能得以流存，并能在我们的手上进行校注重版，我们要感谢藏书家罗振常前辈的发现与付出，要感谢中国林业出版社对兰蕙古籍的重视，要感谢安吉梅松先生提供《树蕙编》的研究资料，也要感谢台州黄岩区名兰家王德仁先生提供有关蕙花头形的影像资料。

为了能帮助读者较直观地理解本书中的一些专业术语和江浙兰界里的一些俗语，以及书里描述的那些大都今已不再存在的蕙花佳品，我们谨凭书中所介绍的形态特征和自己的理解，以白描仿古的形式绘制了一些捧形、头形，以及原作者在书上所介绍的佳品，力求把古籍做出新意来，所以对于我们在译注工作中所存在的缺点和错误，还望大家能给予批评指正。

译注者

2019年9月

序　三
前言　六
《树蕙编》题辞　一〇
《树蕙编》自序　一五
根　二〇
叶　二二
笋　二四
萼　三〇
花　三五
色　四二
舌　四五
捧心　五七
栽培　七〇
浇灌　八〇
杂志　八三
蕙缘　一一二
采蕙赋（附）　一六四
悼蕙诗（附）　一七三
（罗振常校识）　一七六
《树蕙编》特色点评　一七九

方时轩[1]《树蕙编》一卷

丙子季夏[2]蟫隐庐[3]印行

《树蕙编》题辞

石里花农[4]

兰为王者香[5]，幽居在空谷。生质[6]既超群，风姿遂拔俗。披榛[7]歌采采，如出昆山玉。惜无真识者，徒入凡庸目。

我友方时翁，好兰久成酷[8]。蒐[9]兰不惮烦，买兰罄[10]所蓄。示我《树蕙编》，见闻皆可读。栽种固有方，灌溉亦须足。生产[11]分建瓯，根叶详白绿。筝萼卜[12]芬芳，舌色辨馥郁。衙斋[13]一一诵，三复[14]快心腹。君真兰知己，品兰兰亦服。

君家东城[15]东，百盆兰素蓄。终日面兰坐，闭门少剥啄[16]。去春曾访君，入室香满屋。棐几[17]与湘帘[18]，不植闲花木。狂歌兴忽豪，猗兰操[19]一曲。须臾[20]明月来，浮白[21]赏高躅[22]。

今君既[23]出门[24]，爱兰心转轴[25]。薰风[26]扇梅夏[27]，忍使幽兰独。我欲同君归，消[28]此清闲[29]福。

注释

[1] **方时轩** 《树蕙编》作者。从书中记载的时间地点和人物来推测，其生活年代历经乾隆、嘉庆、道光三朝，可能为江苏吴江人。

[2] **丙子季夏** 民国二十五年（1936）农历六月。

[3] **蟫隐庐** 民国时期藏书家罗振常在上海所设书肆（书局），主要用于藏书刻书，地址在今上海福州路河南路口（一说汉口路）。曾印行《邈园丛书》共12册，本书《树蕙编》收在第9册第2卷。蟫（yín）：即衣鱼，缨尾目衣鱼科无翅小型昆虫，旧书中常见的一种蛀虫，又名蠹鱼。

[4] **石里花农** 题辞作者自称，具体姓名生平无考。石里，可能为题辞者的居住地，今江苏省苏州市吴江区松陵街道有石里社区。

[5] **王者香** 孔子对国兰香味的赞誉之辞，后成为国兰的代称。

[6] **生质** 犹禀赋，生来具有的特性。词出汉董仲舒《对贤良策一》："命者天之令也，性者生之质也，情者人之欲也。"

[7] **披榛** 拨开荆棘。词出《晋书·皇甫谧传》："陛下披榛采兰，并收蒿艾，是以皋陶振褐，不仁者远。"

[8] **酷** 极，非常。

[9] **蒐**（sōu） 同"搜"，搜集。

[10] **罄**（qìng） 用尽，消耗殆尽。

[11] **生产** 培育，繁殖。

[12] **卜** 预料，估计，猜测。

[13] **衙斋** 衙门里供职官燕居（闲居）之处。

[14] **三复** 犹言三遍，亦谓反复多次。

[15] **东城** 本书作者方时轩的居住地。今苏州吴江老城有东城沿路，位于西塘社区东南面，可能清时这一带称为东城。

[16] **剥啄** 敲门声，借指外出串门。

[17] **棐几** 用棐木做的几桌，亦泛指几桌。棐：通“榧”，香榧。【校勘】原书作“斐几”。

[18] **湘帘** 用湘妃竹制作的帘子。

[19] **猗兰操** 古琴曲，又名《幽兰操》，操：弹奏。据东汉蔡邕《琴操》载：“《猗兰操》者，孔子所作也。孔子历聘诸侯，诸侯莫能任。自卫反鲁，过隐谷之中，见芗兰独茂，喟然叹曰：‘夫兰当为王者香，今乃独茂，与众草为伍，譬犹贤者不逢时，与鄙夫为伦也。’乃止车援琴鼓之云：‘习习谷风，以阴以雨。之子于归，远送于野。何彼苍天，不得其所。逍遥九州，无所定处。世人暗蔽，不知贤者。年纪逝迈，一身将老。’自伤不逢时，托辞于芗兰云。”

[20] **须臾** 一会儿。

[21] **浮白** 畅快饮酒。浮：罚人饮酒；白：用来罚酒的大杯。

[22] **高躅**（zhú） 崇高的品行，文中借指兰蕙。

[23] **既** 不久，随即。

[24] **出门** 离开家乡远行。

[25] **转轴** 改变主意。

[26] **薰风** 和暖的风，指初夏时的东南风。《吕氏春秋·有始》：“东南曰薰风。”

[27] **梅夏** 指初夏，因梅熟于夏初，故称。

[28] **消** 享受，受用。

[29] **清闲** 清静悠闲。

今译

大圣人孔子赞兰为“王者香”，是因它们的生性犹君子，默然幽居在深山空谷间，具有超越众花的风姿和不同流俗的质朴风范。人们曾拨开丛生的草木，踏遍青山苦心寻觅它们，再经像挑选人才那样经过不断的选择，它们的身价珍贵如昆仑山所出之玉。但在那些平庸无知者的眼里，根本不知它们有多么高贵的身价。

我的朋友方老时轩先生，由于年久莳养兰蕙，致使他对兰蕙深爱成癖，一直以来不厌其烦地搜集不同的兰蕙品种，为了得到自己心仪之花，不惜掏尽自己所有的积蓄。

方翁还把自己撰写成的《树蕙编》手稿赠送给我，他在书中描叙的所见所闻都值得好好一读，在栽培方面，固然有一套切合实际的方法。在灌溉方面，所阐述的几个原则，也一一地交代得详细明白。至于对品种的栽培，具体可分为建兰（四季兰）与瓯兰（春兰）两大类，详细介绍它们的叶色叶形和根系所具有不同的形态特征，又如何依据花苞和蕊头的形状来鉴别与判断花品的优劣；如何通过不同舌形和舌色来鉴别花品香味的浓淡。

我在官署里，饶有兴味地反复诵读该书，心里充满无限的快乐，深感方翁是位真正与兰蕙成了知己的人。他对兰蕙所作的赏析与鉴评，若是兰蕙能听到，那定然也会心服口服。

方翁家住东城的东面，平素专注兰蕙莳养，庭园里栽有百盆之多，终日里总是形影不离地陪伴着它们，以致成天闭门谢客。去年春天，我曾去拜访方翁，一踏进他的书房厅室，便闻到满屋兰香，连室内陈设的榧木几案和湘竹编制的帘子似乎都充满芳香，整个庭院处处，除了兰蕙，竟未见栽有一棵其他花草。身临其境，使人无不心情激动、愉悦，不由让我纵情高吟起孔子的《猗兰操》……歌罢，倾刻间已见新月漂浮天海。快把酒杯斟满！我们一边举杯畅饮，一边欣赏那如小船般弯弯的新月穿行于漫漫云海间的美景。

本来方翁决定不久将离开家乡远行，但是那颗爱兰之心又促使他不停地改变主意。这是因为眼前正处在高温高湿的黄梅时节，他怎忍心让薰风折腾幽兰，任其孤独？我多想跟方老时轩翁回家，和他共同享受那清静悠闲的岁月。

石里花农题

《树蕙编》自序

《尔雅翼》[1]载“一干一花而香有余者，兰；一干数花而香不足者，蕙。”分名别类，本不同科[2]，而世俗概呼之曰兰，误也。屈原《离骚》:“予既滋兰之九畹兮，又树蕙之百亩。”此物此志，确乎不易[3]，而昔人聚讼[4]以为非，亦误也。余杂志[5]已辨之，兹不烦辞。

特[6]往[7]者所重，越产曰瓯兰[8]，闽产曰建兰[9]。建亦蕙也，香亚于瓯。若夫[10]闽以北之蕙，则备员[11]承乏[12]，未尝见重于世。乃[13]近数十年来，世人好之者，大过于瓯建。其佳者一茎以叶论值，竟至数十千或数百千，岂花之显晦[14]亦有时耶？盖其香虽不足，而品类之殊，丰标[15]之异，往往有瓯建所不及者。斯久屈而大伸也，宜矣。且瓯建易有花者也，易则非奇。蕙则不然，得其性则有花。不得其性，宁自毙耳，终不苟焉以媚世。是其孤高简傲，又加一等矣。

余既爱兰，又甚爱蕙，而培植未多，咨访未

广，不能为之谱第[16]。即所见闻，随得随录，以备参考焉。

嘉庆癸酉[17]孟夏五日[18]时轩识

注释

[1] **《尔雅翼》** 训诂书，三十二卷，宋新安（今徽州歙县）罗愿撰，解释《尔雅》草木鸟兽虫鱼各种物名，以为《尔雅》辅翼。

[2] **同科** 同一种类。

[3] **不易** 不改变，不更换。

[4] **聚讼** 众说纷纭，争论不休。

[5] **杂志** 全书正文分为根、叶、笋、萼等共12部分，其中第11部分名为“杂志”，记录了作者在艺兰过程中的一些经历见闻、感想心得。

[6] **特** 但是，不过。

[7] **往** 以往，过去。

[8] **瓯兰** 即春兰，国兰的主要种类之一。《艺兰四说》：“大致兰多产浙江温州，古瓯越地，故名瓯兰。”

[9] **建兰** 即四季兰，国兰的主要种类之一。《花镜》：“建兰产自福建……其花五六月放，一干九花香馥幽异，叶似瓯兰而阔大劲直。”

[10] **若夫** 句首语气词，相当于“至于”“像那”。

[11] **备员** 充数，凑数。

[12] **承乏** 承继空缺的职位，补缺。

[13] **乃** 可是，然而。

[14] **显晦** 明与暗，常用来比喻人之进退、出仕或退隐，文中比喻花受欢迎或被冷落。

[15] **丰标** 容貌体态，风度仪态。

[16] **谱第** 记述宗族世系或同类事物历代系统的书。

[17] **嘉庆癸酉** 即嘉庆十八年，公元1813年。嘉庆：清仁宗爱新觉罗·颙琰（1760—1820）的年号，共用25年，从1796年至1820年。嘉庆二十五年清宣宗即位沿用，次年改元道光。

[18] **孟夏五日** 农历四月初五（1813年5月5日）。孟夏：夏季的第一个月份，即农历四月。

今译

《尔雅翼》书中记载:“一干只开一朵花,具有浓香的称为兰;一干开数朵花,而其香略淡于兰的,即称为蕙。”可见自古以来,兰与蕙不仅称名不同,并且类别上也早把它们区分为是二物。可是世人却仍有一概称名它们为兰的,显然这是一种谬误之称。(译者注:兰与蕙在西方植物学中,是同科不同属之物。同属兰科植物,在科下分别有春兰、蕙兰、建兰、墨兰、春剑、莲瓣兰等种或类别。)

屈原的《离骚》里有“我栽有兰九畹,还植有蕙百亩。”辞中所述之物,所记的意思,确是事实,并非是轻率之言。但归纳先人那些对“九畹”和“百亩”的有关争论,却是持否定的态度。这实在又属谬误!我在书中《杂志》这篇里已作了详细的论述,在这里就不再重复其辞了。

但是以往人们所看重的,大都是古越之地所产的瓯兰(春兰)和福建境内所产的建兰(四季兰),其实建兰也是属于蕙,其香气比不上瓯兰那么浓烈。而产于福建以北的蕙,则因品种和数量稀少,所以一直未能被世人所重视。但在近数十年以来,社会上爱好蕙的人则要大大超过喜欢瓯兰、建兰的人。尤其对那些花品优秀的蕙,人们竟是以每苗叶片多少论价,它们的价值数万、数百万不等,难道花受欢迎或被冷落也跟时势有关?蕙花香气比起瓯兰虽略显不足,但是它品类特殊,花色及形象的奇异,往往是瓯兰和建兰所不及的,它们曾经长期被轻视和受委屈,而今终于能得以伸张,被人们赞扬不已,这完全是得当的啊!

又因瓯兰建兰容易孕蕊和起花,既然容易,那就显得不足为奇了。而要栽培好蕙,便没有那么容易了,人们在栽培中如能适应它们所具有的花性(生长特性),则能开花繁盛,如果不能满足它们的生长需求,它们就宁愿自行死去,始终不肯为了苟且偷安而去巴结讨好,犹如君子谨守着高尚的情志那样。蕙所具有这种傲骨凛然的品性,自然又会使它的身价提升到一个更高的档次!

我是个既爱(春)兰同时又非常喜蕙(兰)的人,但栽培品种和数量并不太多，实践知识不多，又缺少和广大兰友的交流和切磋，没能充分汇集他们的经验，见闻显得不足，所以本书记写的一些内容不能称作为谱（专著）。仅是根据自己随时所载的见闻和经验做个整理，以备日后参考之用。

时轩记

清·嘉庆十八年四月初五（1813年5月5日）

根

买新花[1]，根不论粗细，但要鲜润。干者霉者，断而视之，肉白便好。若肉色紫或空松如絮者，是冻过死根，殊[2]难望活。旧花[3]亦要看根，根鲜白而多，则易养。

注释

[1] **新花** 刚从山上挖下来，未经人工驯养的兰蕙植株。《第一香笔记》：“出山初种者为新花。”

[2] **殊** 很，甚。

[3] **旧花** 已被人工栽培多年的兰蕙植株，即老盆口草，又称老花、复花。

在买下山新花时，首先要观察根，粗细虽不论，但必须要有新鲜感和潮润感。如果是干的、霉的根，可以将根横截一条来看，若根的断面处根肉是白色的，则无大碍。反之，如果见根的肉色变紫或空松如棉絮状的，这就是冻过的死根，很难再成活。

至于购买栽过几年的旧盆老苗草，首先也要看根，如果根新鲜，颜色白且数量多的，栽后就容易成活和复壮。

叶

以叶论花，犹未孕而卜男女也。然吾见佳蕙之叶，无论阔狭长短与色之深浅，悉肥厚柔挺，从无软薄者，或亦有宜男相[1]乎？肥厚柔挺，未必尽佳，而软薄者，断无好花，惟斯可信。

花之发也，必在壮叶，子叶[2]须养一二年乃有花。本年有花之叶得气，则来年亦能再花。有发筝二三次者，叶老不复花矣。故买旧花，必分其壮叶。

花为叶之英华[3]，叶茂则花多梗长而香久。叶敝[4]则花无，即有亦朵小而香微，故养叶难于养花。尽心力而培之数年之后，必有凋败，黄黑斑点与叶俱生，此虽因乎天时，究亦失于防护也。

注释

[1] **宜男相** 妇女能生男孩的体相。

[2] **子叶** 新长的植株，新苗。

[3] **英华** 精华，精英。

[4] **敝** 败坏，衰败。

今译

依据叶株的特征能推断出未来花品优劣的说法，就像对一个尚未怀孕的妇女预先推断她将来是生男或是生女的那样可笑。然而我在莳蕙的实践中观察到佳蕙的叶形株形，不论有阔狭长短之别和叶色深浅的不同，却全都有“肥、厚、柔、挺”的特征。从未见到过叶质薄软的叶株会出佳种。

偶然也见到过一些叶子肥厚柔挺的植株，外形似乎大气，看似有男子阳刚之相，但开出之花也未必尽佳。不过叶质薄软的叶株，可以断言它绝对开不出佳花，这是必信无疑的。

想把花养得繁茂，就必须把叶株养壮，一般而言，新草要养上一二年才能起花。今年开过花的植株，如果能保持肥壮，明年还会再次起花。不过也有本来健壮的植株接连开花2～3年之后，就会慢慢变老，便不再开花了！所以在购买莳养多年的蕙草时，一定要挑选健壮的苗株。

花是叶株的精华，能呈露出品种俊美的神采。如果叶株生长得健壮繁茂，花自然会开得多且大，花梗自然会高耸挺拔，香味也会浓郁持久。相反如叶株逐渐衰败，就难再见到花了，即使有几朵勉强开出，其形就会显著变小，香味也会明显变淡。所以养壮叶株要比养好花更难。

养花的人虽用心尽力地培护植株，然而种了几年之后，往往发现叶株上生起许多黄、黑斑点，这虽与自然所致的因素有关（译注者注：如苗株衰老或偶然天气和环境的变化。)，但也与兰人对它们日常的管护工作存在一定的疏漏有关。

笋

笋[1]，萼[2]之未见者也。萼未见而欲知其佳否，难矣。或尖如锥、细如簪，而放时乃梅[3]荷[4]；或大如拇、圆如锤，而开时乃窄柳[5]。此真一气初胎，贤愚未兆，吾何从而验之哉？虽然，有生而异者焉，生而异者自可辨识，其类别如下：

【鸡嘴】口开如鸟嘴。

【空头】上截空。

【木鱼槌】头圆实不尖。

【将军帽】圆如蒜，有尖。

【纸钻柄】头尖、细长，如锥。

【灯草[6]梗】细脚也。

【木脚[7]】粗脚也。

【出土蓬头】萼出土即蓬然四迸。

【边笋[8]】鸡嘴边笋，其壳尖层层外向者可取。

【白壳】有极红紫筋一丝者，多素[9]。

【黄壳】黄者绝少，曾见一笋，不知萼与花是何色。

【绿壳】如铜绿者，往往出素。

【青花壳】绿笋有红紫筋。

【银红壳】、【赤壳】、【紫壳】、【铁壳】

凡佳瓣者，多在青花壳及一切赤壳内，绿笋佳瓣殊少。近日，宁绍花客如伯乐相马，无留良焉。非别具只眼[10]也，稍异者，即不发售，故佳品往往在焉。

七月即发笋，至十月而止，亦有春探[11]者。

箨[12]，俗谓之壳。逐层总包细蕊者，谓之大衣壳。鳞次[13]含包细蕊者，谓之小衣壳。细蕊渐透，谓之探头。蕙干挺足，花蕊离干，累累如贯珠，谓之排铃。短干横挺，花心向外，谓之转柁[14]。短干谓之簝，又名短脚。大瓣交搭，两旁露捧心处，谓之凤眼[15]。花背边瓣[16]谓上搭，花胸[17]边瓣谓下搭。壳不论色，俱能出素，惟深绿者居多。此条见《第一香笔记》[18]。

注释

[1] 笋　竹子初从土里长出的嫩芽，书中借喻蕊头尚未出壳的蕙花大苞。【校勘】原书作“筍”，为“笋”之异体字。现“筍”少用，全书均改为“笋”。

[2] 萼　书中指蕙花蕊头，即从大衣壳出来的蕙花小花苞。

[3] 梅　即梅瓣，国兰传统园艺分类的一种，以花的外三瓣端部呈圆形为主要特征，犹如梅花的花瓣。《兰蕙同心录》：“梅瓣……必要三瓣紧

圆，肉厚色翠，捧不合背，舌能圆短放宕，斯为极品。”

[4] **荷** 即荷瓣，国兰传统园艺分类的一种，以花的外三瓣收根放角为主要特征，犹如荷花的花瓣。《第一香笔记》：“荷花瓣厚而有兜，捧心圆，收根细，为真荷花瓣。”

[5] **窄柳** 蕙花花朵的外三瓣细而狭长，形如柳叶。

[6] **灯草** 多年生草本植物，其茎（梗）细长直立，呈细圆柱形，茎髓可以入药或用做菜油灯的灯芯，又称灯心草。书中借喻蕙花花梗细长如灯心草的茎干。

[7] **木脚** 犹言花梗粗壮。

[8] **边笋** 即鞭笋，夏秋季竹子地下茎（竹鞭）上长出的嫩芽，外包坚硬的笋壳，尖削细长，状如马鞭而得名。书中借喻蕙花花苞衣壳顶部（壳尖）片片外翻如一株鞭笋状。【校勘】原书作“遍笋”，疑为“邊（边）”字抄误。

[9] **素** 即素心，国兰传统园艺分类的一种，以兰花的舌瓣没有红点红斑为主要特征。《兰蕙同心录》：“若寻常称素，总从白绿蕊中出。然舌苔兰白，蕙有黄有绿，以绿色为上。”书中认为“舌色纯一者，俱称素”。

[10] **别具只眼** 比常人多了一只眼，比喻具有独到的眼光和见解。

[11] **春探** 春天就长出花苞。

[12] **箨**（tuò） 竹笋上一片一片的皮，即笋壳。文中借指兰花的鞘壳，呈膜质鳞片状，最外两张具有硬角质，起着保护花蕾的作用。春兰苞衣有4～5层，蕙兰建兰等一茎多花的苞衣有7～9层。其上脉纹和色彩，因品种而异，是挑选鉴别兰花佳种的重要依据。《兰蕙同心录》：“贴蕊小包衣为肉箨，贵长不贵短。”

[13] **鳞次** 像鱼鳞那样依次排列。

[14] **转柁** 转动船舵以改变航向，亦称“转舵”，常用于比喻转变方向。喻指蕙花小排铃后花柄扭转蕊头旋转，使得主瓣从下方转到上方的现象。

[15] **凤眼** 指小眼角向上的眼睛，亦用作对女子眼睛的美称。喻指兰蕙即将放花时主瓣与副瓣一侧瓣缘相互隆起而露出的空隙。

[16] **边瓣**　兰蕙花朵外三瓣中左右展开的两片花瓣，又称副瓣、旁瓣。

[17] **朐**　接受，包裹。

[18] **《第一香笔记》**　兰蕙名著，全书“分以八门合成四卷”约两万余字，成书于清嘉庆元年（1796）。作者朱克柔（字文刚，号砚渔），乾嘉年间江苏苏州人，医史学家、艺兰家。

今译

笋，就是蕊头尚未出壳的蕙花大苞。此时蕙花蕊头尚被大包壳层层紧裹。未见蕊头出壳的形态，就想判断该品种是不是佳品，这是很困难的。有的花苞形尖如锥子，细如发簪，这形象看来该非佳种，但开出花来却是正格梅瓣或是荷瓣；而有的花苞形粗如大拇指，或圆如锤子，看去似乎必是佳种，但开出之花却偏偏是外三瓣如柳叶般狭长。这都是在初时造物主就一气呵成了的，当小花苞还未从大花苞内显露出之前，看不出花品优劣的征兆，我们依据什么来作出判断呢？

然而也有一些花苞，生来就存在着外表的异样特征，自然我们也可以作为辨认和鉴别它们类别的依据。

【一】鸡嘴：蕙花大花苞顶部的包壳上下开裂，形如鸡嘴，故名。

【二】空头：因整个花苞内，下截鼓胀充实，上截空壳无肉而得名。

【三】木鱼槌：蕙花花苞形状圆实，顶部无尖，如寺院里法器木鱼的槌子。

【四】将军帽：蕙花花苞圆鼓，如一个圆整的大蒜头，顶部突然收尖，如古代将军征战时戴的头盔。

【五】纸钻柄：整个蕙花苞形粗而长圆，形如手捏钻头的木柄。

【六】灯草梗：形容形状细长的蕙花花梗，又称灯芯干。

【七】木脚：形容形状粗的蕙花花梗，又称木干，木梗。

【八】出土蓬头：言花苞出土不久，花梗尚未长高，包壳即开裂，小花苞（蕊头，蕊米）过早就被暴露。

【九】边笋：又称鸡嘴鞭笋，指整个花苞的每片包壳顶部（壳尖）片片外翻如一株竹笋状。凭此特征，预示该品种可取。

【十】白壳：粗看花苞包壳白色，细看白色包壳上有深色细筋条。凭此特征，可以判定其花是素心，又称麻壳素。

【十一】黄壳：花苞为黄色包壳的极为少见，我曾见到过一次，因尚未打开，还不知它的蕊头和整花是什么颜色。

【十二】绿壳：花苞包壳之色如铜锈般翠绿色，往往是素心品种。

【十三】青花壳：即绿色花苞，包壳上有条条紫红筋，被称为青花壳。

【十四】银红壳：包壳之色浅红，上有疏朗红筋。

【十五】赤壳：包壳底色深红，上有条条暗红壳筋。

【十六】紫壳：包壳底色暗红，上有条条墨色壳筋。

【十七】铁壳：包壳底色青灰，上有深褐色壳筋。

凡是具有瓣型的佳蕙，往往出自青壳花及赤壳花苞内，能在绿色花苞内选出瓣型花的佳蕙，极其罕见。近日宁波和绍兴的花贩们选花苞犹如伯乐相马那样，不会再有“良马”留下，他们具有特殊的眼力，若发现有形态特异的苗株，就把它留下来不肯出售，所以一些佳品往往都会留在他们的手上。

一般蕙花植株发笋（孕蕾、起花）期，大致始于农历每年七月到十月止，但也有少数品种在早春时才起花的，称为春探。

箨，俗称包壳（衣壳，包衣）。由外向内逐层总包细蕊的称大衣壳，（起着保护发育中花蕊的作用）。鳞次包裹着蕊头的包壳则称为小衣壳（小包衣）。蕊头（小花苞）不断发育长大，从大衣壳里露出头来，俗称探头。随着大花梗不断伸长，原本紧贴在大花梗上的蕊头离开了大花梗如一串上下相连的绿色珍珠，称为排铃。短干则称为簪（花柄，小花梗），又称短脚。小排铃后花柄扭转花蕊旋转使得花头向外，称为转柁。

大排铃时三大瓣（又称外三瓣）交搭，因捧心过大，致使主瓣与两副瓣间形成的空隙，称为凤眼。主瓣背面被两副瓣所盖住的，称为上搭；主瓣正面包住二副瓣的，则称为下搭。

蕙花不论是何种色彩的衣壳，都有可能出素心花，但总以深绿壳出素心花为多见。此说法系摘引于朱克柔的《第一香笔记》。

萼

萼，花初出于壳者，所谓茈[1]都也。“花出则可定其臧否[2]乎？”曰“不然”。蕙，善变者也。剪落插瓶，尚生变态，初出胞衣[3]，有何可据？惟异样之萼，稍有所凭，花未放终，不能定其品也。

萼取圆而短，或方而厚，其腹凸、其口含、其根收、其头宽，此系佳瓣，尖而弯者无取。

边瓣阔，花必可观[4]。虽圆短之萼，边瓣不阔，必非佳花。其佳品如下：

梅瓣萼、荷瓣萼、水仙瓣[5]萼、勺瓣萼、团瓣萼，俱如椒[6]、如枣、如杏仁、如牛奶橘[7]、如橄榄、如花生肉、如拳、如壁虱[8]、如鬼见愁[9]。又，短阔平腹者、横阔竖短者，硬捧心多露于[10]凤眼。

梅、荷、水仙之萼，其形可不分。勺（音超）、统、团[11]、柳等瓣，遇巧花[12]其萼亦异样，而终不若梅、荷、水仙之异也。此等萼或不见小衣壳，或小衣壳长过于萼半寸许。

硬鸡豆壳捧心[13]，其萼有出壳即开者，因外瓣短、捧心大，不能含苞，其实未尝开也。或排铃时花瓣皆卷，是名龙放，其瓣必不窄。直卷者，开足自能平正；若斜卷如绳交股者，不能平正。

萼有诸色，开花却不与萼同。

【黄】【绿】【白】【青】

【紫】萼与茎纯紫，开花必黄色。

【黑】开出黄色则鲜明。

【红】初如赭[14]，以厚泽为上。

【暗绿】开黄色则佳，黑则不鲜。

注释

[1] **苽**　同“菰”，即茭白的子实，形如米粒，又称菰米，古六谷之一。书中借喻初出大衣壳的蕙花蕊头互相紧靠一起形如谷穗，也称“蕊米”。

[2] **臧否**　褒贬，优劣。

[3] **胞衣**　人和哺乳动物妊娠时期包裹胎儿和羊水的膜质囊袋，又名胎盘。书中喻指大包衣，即蕙花花苞的大衣壳。

[4] **可观**　值得看。

[5] **水仙瓣**　国兰传统园艺分类的一种，以花的外三瓣多呈长圆形端部有尖锋为主要特征，犹如原生水仙花的花瓣。《第一香笔记》：“水仙瓣须厚，大瓣洁净无筋，肩平，舌大而圆，捧心如蚕蛾、如豆荚，花脚细而高，钩刺全、封边清、白头重，乃为上品。”“水仙取钩刺者，由水仙花瓣上有倒钩故也。”

[6] **椒**　指青椒、柿子椒、灯笼椒之类，其果实一般呈钟状，四周有不规

则凹凸的沟纹。

[7] **牛奶橘** 芸香科金橘属常绿灌木或小乔木，果实长圆形如母牛的乳头，亦称金弹、金柑。

[8] **壁虱** 即蜱虫，常寄宿于牲畜等动物皮毛间，吸饱血液后，有饱满的黄豆大小，大的可达指甲盖大，也叫狗鳖、草别子、牛虱等。

[9] **鬼见愁** 即无患子，落叶乔木，核果球形，熟时黄色或棕黄色，果皮含有皂素，可代肥皂。

[10] **于** 【校勘】原书作“子”。

[11] **团** 【校勘】原书作“圆”。

[12] **巧花** 从书中看，“捧心异于蕙瓣，所谓巧花者”“五飞、蜂蝶等宜入巧花之列”，蕙花捧瓣出现雄性化（白头、白边等）或蝶化等异常现象的，统称为巧花。

[13] **鸡豆壳捧心** 蕙花的一种捧心，两捧起兜交合，交合处形成一段凹缝，从正面看，与鸡豆发芽所褪豆壳相像。鸡豆，即鹰嘴豆，豆目蝶形花科草本植物，是世界第三大豆类，中国主要种植于新疆、青海、甘肃等地。其果实色如黄豆形如碗豆，一端尖似鹰嘴，“鹰嘴”背后部位鼓凸、中有凹缝，泡水后更为明显。

[14] **赭** 红褐色。

萼，意为蕙花的蕊头（小花苞）刚从大花苞包壳里出来露身，其形若穗状，就像茭白的籽实那样，古人称之为菰或蕊米。既然小花苞已出壳露身，总可以根据其形状特征来判断该花花品的优劣了吧！但事实并非如此。要知道蕙之花品是自始至终最容易产生变化的！我们试将整枝花梗剪下，将它插在盛水的瓶中观察，不论是瓣形、色彩等都有可能发生变化。

照此说来，初出包衣尚未开放的蕙花，到底还有什么可作为判别花品优劣的依据呢？唯一可作为依据的就是看初出包壳后的蕊头三萼片的形态，是否有与众不同的特别之处。不过这也只能说仅稍为依据而已。确切地说，只要是花还未开放，就不能过早地判定其花品优劣的！

蕊头应取圆而短的或方而厚的，腹部宜鼓凸，蕊头前端宜紧闭，有含不露齿的美感。蕊头基部宜细狭收根，而头部却宜宽阔，凡符合上述条件的品种，才能称为佳种。如果三萼长尖带弯，那就不可取了。

如果副瓣宽大，其花的形态必有较高的观赏价值。蕊头虽然圆短，但是副瓣却没有宽大之相，就不能开出佳花。

现将较典型的佳花蕊头介绍于下：

能开出梅瓣、荷瓣、水仙瓣、勺瓣、团瓣的蕊头，大部分会出现以下相似形状，青椒、红枣、杏仁、金柑、橄榄、花生肉、拳头、蝉虫、无患子。

还有头形短阔，腹部不鼓凸的和横阔竖短的两种蕊头，它们大都可以透过凤眼而看到里面的硬捧心。

梅瓣、荷瓣、水仙瓣之蕊头，其形状一般不能再细分。勺（chāo）瓣、统瓣、圆柳瓣等瓣型，如果遇上巧花，其蕊头也会出现异样，但终究不能像梅瓣、荷瓣、水仙瓣的蕊头那样富有特色。这些蕊头，有的无小衣壳，也有的是小衣壳比蕊头还要长半寸左右。

有些硬鸡豆壳捧心的蕙花当它们的蕊头刚从大衣壳里出来时就已经

张开，这是因为外三瓣形短，里边（中宫）的捧心因其形过大，故不见它们含苞的时候。这种看似放花的现象为某些品种所特有，其实它们并非是真正开花。

有的品种，蕊头从大衣壳里出来后进入到排铃之时，就能见到外三瓣呈现翻卷，称作龙放，放花后的花瓣必定不窄。如果外三瓣是直卷的，那么当花开足后，自然能平整不卷；但如果外三瓣斜卷，如绳子那样呈互相绞合状的，那么，即使是花开足，也是不会平整的。

蕊头有多种颜色，但当开出花来，却往往与原来颜色不相同，这就称为转色。

【一】常见的有黄色、绿色、白色、青色。

【二】紫色，蕊头和花梗都为紫色的，开出之花必为黄色。

【三】黑色，所开之花若为黄色，其色必特别鲜明。

【四】红色，开始呈现为红褐色，以质地厚糯有润泽油亮感为上。

【五】暗绿色，如开黄色花，就会非常美，属佳花。如开黑色花，色彩就不够鲜亮。

花

花有骨格，有品致。疏萼[1]、昂簪[2]、大舌[3]，瓣厚而阔，梗长而挺，是谓“花格”。平肩[4]收根[5]，外瓣含抱[6]，捧心[7]紧合[8]，是“花品”。若夫开久不渝[9]，则又花之“守[10]”也。

然格易见，而品难知，就其品中之平肩含抱，尤为要紧。有始放含而日向后者，“开泛”也；有始向后或如五指直张，而隔日便含者，“武放”也；有初开平，而开久转向上者，“鸢肩[11]”也；有初平，而久渐落者，“开落”也。故必俟五六日后，其品可定。然鲁一变而齐[12]者，易；齐一变而鲁者，难矣。

予有《怨蕙歌》云：“盖棺论定岂惟人，蕙未开残莫认真。无限欢情无限恨，被他小草误三旬[13]。”盖统箏萼花而言之也。

花之大病有三：

一、垂肩，肩垂则佳者亦丑（略亸[14]尚可）。

二、仰瓦[15]，瓦则阔者亦窄。

三、反剪[16]与硬根[17]，俱不成花，若薄瓣合背[18]

之类，犹其次焉。

服盆，蕙胜于新花者多，不及新者少。兰则反，是佳种亦不变。

佳花瓣头不能交搭，短厚故也。蕙香虽逊于兰，而清馥之气固未有殊。一种远闻则香，近嗅则有汗气，此香浓之故，较香淡者多供三四日清赏。

官种[19]者花大品全，超于众也，非官种皆小名之。

【梅花瓣】瓣头如梅，又有如兜扇者。

【荷花瓣】瓣如荷花，其兜可勺水。

【水仙瓣】短阔有尖。

【勺瓣】瓣下细上阔，有兜如勺。

【阔瓣】短而阔至四分[20]，厚而不瓦为佳。

【团瓣[21]】圆头，收根。

【橄榄瓣】头尖，中阔，根收。

【野放】花瓣阔大有尖。

【五飞】五瓣开张如飞舞，边皆屈曲，瓣根仍含抱。

【统瓣】瓣长大而头平。

【柳瓣】最下品，其短而平肩者尚可，若长而曲、反而垂、细而卷，诸丑毕备，急须拔弃。

【情兰】花朵一仰一合，又名相思。

【蝶兰】边屈曲似“五飞”，其捧心红点布满似舌。

梅、荷、水仙是三上品，勺、团、阔次之，橄榄、野放、统瓣又次之，五飞、蜂蝶等宜入巧花之列。

注释

[1] **疏萼** 蕙花梗上各花蕊排列距离疏朗不拥挤。

[2] **昂簪** 蕙花转柁大排铃后，蕊头与花柄（簪）呈现上挺昂首姿态。

[3] **舌** 即舌瓣，兰花捧心中央下方的一枚变态花瓣，其上部常分三裂，即中间的中裂片和两侧各一的侧裂片（腮）。舌瓣上一般缀有红色斑点，表面附着绒状物（苔）。舌瓣形态多样，在国兰鉴赏中被作为重要的鉴别依据和评价标准。西方植物学称之为“唇瓣”。

[4] **平肩** 兰花两副瓣着生的形态呈水平状，又名“一字肩”。

[5] **收根** 兰花外三瓣自瓣幅中央部位向瓣根基部逐渐变窄。

[6] **含抱** 兰花绽放后，外三瓣呈现向前向里拱抱中宫的姿态。

[7] **捧心** 指两枚侧生于兰花内轮的花瓣，犹如双掌捧水之状。捧瓣形状差异是国兰瓣型学说中鉴赏的重要依据之一，以瓣端有无雄性化特征被视作是否为梅瓣或水仙瓣的关键标志。

[8] **紧合** 兰花两片捧瓣相互交搭但不粘连。

[9] **渝** 改变。

[10] **守** 保持，维持原状。即花开数天后，各部分形态仍能保持不变。

[11] **鸢肩** 两肩上耸像鸢鸟栖止时的样子。鸢，小型猛禽，又称老鹰。书中借喻蕙花两边瓣上耸的形态，即飞肩。《兰言述略》：“有初开平肩，久而花瓣转向上者，名飞肩，最贵。”

[12] **鲁一变而齐** 鲁国（的政治文化）改变为齐国的样子。引自《论语·雍也》：“子曰：齐一变至于鲁，鲁一变至于道。” 在春秋时期，齐国实

行改革，经济发展较快，成为当时最富强的诸侯国。鲁国经济发展缓慢，但意识形态和上层建筑保存的比较完备，语句反映出孔子对周礼的无限眷恋之情。全句比喻蕙花有好的外相（鲁）却开品不佳（齐）是屡见不鲜的，而外相一般（齐）的想开出佳品（鲁）却是很困难的。

[13] **三旬**　一个月。旬：十日。

[14] **亸**（duǒ）　下垂。

[15] **仰瓦**　凹面朝上的瓦片。比喻蕙花外三瓣过于紧边，视觉上会有宽瓣也好似狭瓣的感觉。

[16] **反剪**　双手放在背后，背着手。比喻外三瓣反卷后仰。

[17] **硬根**　两捧瓣雄性化过强，出现粘连现象，成为“硬捧”或“半硬捧”。

[18] **合背**　两捧瓣内侧因雄性化较强而发生粘连。

[19] **官种**　《第一香笔记》：“蕙花中以官种水仙为贵，由花头极大而肩平，较之寻常水仙迥然不同。凡白捧心上起如油灰兼有深兜、花大如酒杯者，即为官种水仙。梅瓣、荷花亦有官种，花特大于常品，瓣厚而不落肩，所以可贵。”

[20] **四分**　按清代裁衣尺，约为1.4厘米。1寸=10分。

[21] **团瓣**　【校勘】原书作“圆瓣”。

鉴赏蕙花的美，有两个大的标准：一是要有“骨格”；二是要有“品致”。各花要间距疏朗；蕊头及所连花柄斜出上扬；舌瓣宽大，外三瓣厚而阔大；花梗细长而挺拔。要着眼这四个标准来审评“骨格”的高低。

每花开时两副瓣须一字平肩；外三瓣须一样的收根放角，并要向前呈拱抱中宫之姿态（即含抱）；中宫两捧瓣须抱合适度，既不粘连又不松散。要从这三个方面来评定蕙花“品致”的高俗。

蕙花佳品，开放时间虽久，但姿态仍然如初，犹如君子守志的形象，属于“花守”佳的表现。然而对蕙花的鉴赏而言总是“格”较容易观察清楚，但要正确判断其“品”。却是很难，就以其中“平肩”与“含抱”两方面要求，可说是“品”中最为重要。有的花刚开时外三瓣是向前含抱的，可数日后就向后翻，此称“开泛”。也有蕙花刚始花是向后开翻或如五指那样直伸张开的，第二天以后反变成向前含抱了，前人把这种变好的特征称为“武放”。

又有的花，在初开时两副瓣平如“一”字，一二天后竟转而成为向上斜伸，这种花的开品称为“鸢肩”，亦称“飞肩”。也有初放时两副瓣为平肩，但过了一二天，两肩渐渐向两侧落下，古人称这种花姿为“开落”，亦称“落肩”。

所以要正确审定蕙花“格”与“品”的优劣，必须要在放花后再待上五六天，等其品格变化过程停止之后，此时才可对花品作出定论。蕙花有好的外相（鲁）却开品不佳（齐）是屡见不鲜的，而外相一般（齐）的想开出佳品（鲁）却是很困难的。我写了一首题为《怨蕙》的诗歌：

古人评人品优劣，须当“盖棺定论”，其实此话不光是评人，
只要蕙花尚未开残，也不能对其花品过早地就下结论；
人会变质花会变品，寄望过高过早，往往要变成不尽的遗憾，
一月三旬中你所付出的苦心，也许到头来竟是不经一看！
这段失望的过程，经历了从花苞探头，到蕊头排铃，到完全放花，

自始至终存在着许多深奥莫测的变化。

至于论说蕙花的“花格”与“花品”，简而言之容易产生三种大缺陷：一是两副瓣“垂肩”（落肩）。如果花开垂肩，即使原来是完美无缺的佳花品种，也因此称丑，其身价由此大跌，但肩若略微下落，还是可以的；二是外三瓣过于紧边如“仰天”的瓦片。即使是阔瓣的“梅”“荷”佳花，视觉上直观的效果也会产生狭窄之感；三是“反剪”与“硬根”。“反剪”是花的外三瓣向后翻翘，“硬根”则是花的二捧瓣粘连变“硬”，这样的花都是没有资格入列好花的。如果是外三瓣质薄，且是合背硬捧心之类的花，那档次就更低了。

经过多年栽培服盆的兰蕙称“老盆口”苗，大多数佳蕙在复花时，不论“花格”或“花品”，都会比它们刚下山时开得更佳。而春兰正好相反，它们复花的“品”与“格”常会不如下山时开得好。但话要说回来，兰或蕙只要本是真正的佳种，那么它们的“花格”与“花品”都是不容易变的。

蕙花蕊头外三瓣的端部（瓣头）不能交搭，那是因为形质短厚的原因。

蕙花所含之香味虽稍逊于春兰那么浓郁，但它舒雅与纯正的香质却与兰丝毫无殊。另外还有一种稀奇的蕙，开花时如果远闻，会使人感到清香，如果近嗅，香中则带有汗酸气味，其原因竟是因该花含香过浓的缘故。这种浓香的花要比那淡香的花能多欣赏三四天之久！

什么称“官种”之花？那就是它们具有花形大，品格全等这些特点，名气都要远超于众花。至于不合乎官种要求的那些花，其名气当然就显得不大了。

【一】梅花瓣：外三瓣之瓣头形圆似梅花花瓣而得名，又有形圆似团扇的。

【二】荷花瓣：外三瓣收根放角，形似荷花花瓣，中部深凹，状如可以舀水的勺子。

【三】水仙瓣：外三瓣短阔，每瓣端部有尖锋。

【四】勺瓣：外三瓣根部细、端部宽，状如带柄可舀水的勺子。

【五】阔瓣：外三瓣质厚、形短阔，长与宽之比几乎为四比四，呈拱抱之态，不可如仰瓦。

【六】团瓣：外三瓣头形圆，瓣根部具收根特征。

【七】橄榄瓣：外三瓣头部及根部尖收，中部放宽，其形拟似橄榄。

【八】野放：外三瓣形大而阔，端部收紧变尖。

【九】五飞：外三瓣开张，二捧瓣斜竖如猫耳，花瓣翘飘，整花如风车飞舞，但仍呈拱抱状。（原文虽未见具体有对多瓣花之描述，但我们从原著对“五飞”形的描述中似乎已可知道那时的人们已见到过那些多瓣多舌的“牡丹瓣”和“菊花瓣”，只是时人可能不太感兴趣而已！）

【十】统瓣：外三瓣及二捧形又长又大，头平无尖，中部平而无凹勺状。（江浙人俗称这种花为“野大花”。）

【十一】柳瓣：外三瓣细长卷曲，弯垂不畅，其形拟似柳叶而得名，各种缺点几乎全部集其一身，属花中最下之品。但如外三瓣形短而肩平的，尚可保留。

【十二】情兰：梗上各花开品有上仰与俯视之别，上下二花相近、相遇，两朵如热恋中的情人那样。

【十三】蝶兰：外三瓣每瓣均具前倾与后翻的特征，状近似“五飞”；舌化的二捧瓣上面布满红点，看去一花似有三个舌头，即蕊蝶也。

上述介绍的各个花品，以“梅”“荷”“水仙”三种瓣型为最上品；勺瓣、团瓣、阔瓣为中上品；“橄榄”“野放”“统瓣”为中中品；“五飞”“蜂蝶”等瓣，其形奇异，可归纳于巧花类。

色

花之贵在品[1]，而必有色以副[2]之。有品而色不佳，是窃窕[3]其身而滓秽[4]其面，难称愉快矣。故无论青绿紫黑之色，皆忌暗而贵明，一言以蔽之[5]耳。各瓣色如下：

【白】蕙色白者，万难选一，不过淡色带白而已。

【黄】【绿】【青】

【赤】萼如赭，花开，正面微红。

【黑】色黑殊不足观，然五色具不可无，此须肥厚光泽者。

【紫】花背紫，花面或黄或绿，亦有紫筋在面。

【金黄】或如赤金而暗，或如菜花而明，谓之金兰，不易得。

【石绿[6]】绿色起沙[7]，鲜明欲滴。

【翡翠[8]】青色起沙，光彩鲜明，若翡翠之羽。

【蜜蜡[9]】淡黄色，肥厚光泽。

【笋头青】近蒂处微白，瓣端青绿，鲜明之秀色可餐。

【油绿】最下。

注释

[1] **品** 品格，品相，即前文所述的花格和花品。

[2] **副** 相配，相称。

[3] **窈窕** 形容女子文静而美好的样子。心美谓窈，形美为窕。

[4] **滓秽** 玷污、弄脏。

[5] **一言以蔽之** 用一句话来概括。语出《论语·为政》："《诗》三百，一言以蔽之，曰'思无邪'。"

[6] **石绿** 用孔雀石制成的绿色颜料，多用于国画。

[7] **起沙** 花瓣上呈现出微细的晶状亮点。

[8] **翡翠** 古人对翠鸟科鸟类的通称，其毛色十分艳丽，通常有蓝、绿、红、棕等颜色，红色谓之"翡"，绿色谓之"翠"。

[9] **蜜蜡** 琥珀的一个品种，呈不透明状或半透明状，多以黄色为主，常制成手串或项链等文玩。

今译

决定蕙花审美价值的高贵与低劣，就在于花朵品格的优异，而那些品格优异的花朵，必定有绝佳的花色与之相存相依。

有些蕙花虽然有相当佳的品格，但花色却显得晦暗，不够清丽，就像一个形体虽然美丽的女孩却不勤梳洗，满脸污浊，让人看了怪不舒服那样。

所以不论青、绿、紫、黑等何种花色，均忌晦暗、混浊，总以色彩清纯、明丽为珍贵。这么简单一句话，概括地告诉了我们，花品与瓣色有着密切的关系！现将蕙花外三瓣之色简述于下。

【一】白色：要想选白色的蕙花，万株中难挑其一。那些通常所说的白色花，只不过是淡色中好似带点白色而已。

【二】黄、绿、青，赤色：如果蕙花蕊头之色为赭红，花开时必可见到外三瓣正面会泛出微红色彩。

【三】黑色：黑色的蕙花，观赏价值不高，然而从品种角度（红黄蓝白黑青绿紫）齐全而言，黑色花也不可缺，但须质地肥厚且有光泽。

【四】紫色：外三瓣若背面（花背）是紫色，正面其色有黄或有绿，也有正面具紫筋的。

【五】金黄色：有如赤金略暗和如菜花嫩黄两种。这种花被人称为金兰，价值要大大贵过真金，是古今以来不易得到的宝物。

【六】石绿色：这种蕙花瓣色似孔雀石那样，嫩绿纯净，上面有无数晶亮透明细微点，犹如玉石般润泽欲滴。

【七】翡翠色：（古来有青出于蓝之言，青色色相不同于一般的绿和蓝，它是如同孔雀或翠鸟之羽色。）青色蕙花花瓣如翡翠的羽毛，有沙点，呈光彩半透明感。

【八】蜜蜡色：蕙花花瓣肥厚，色淡黄如蜜蜡之色，有光泽感。

【九】笋头青色：形容蕙花花瓣之色似笋壳壳尖上那样的青绿色，近花瓣基处，略显微白，瓣端则青绿鲜明状，让人有秀色可餐之感。

【十】油绿色：这种蕙花花萼之绿色，缺乏纯度，好像涂了层绿色油漆似的，当属低档之花。

舌

瓣佳而舌不佳，如玉之有玷[1]也。无论素否，只欲其阔，阔则端正可观，与花称矣。其各色之形色如下：

【鹦哥舌[2]】舌头圆短。

【刘海舌[3]】短阔圆厚。

【勺舌】硬舌如勺，圆大而短，又名灯盏舌。

【荷包舌】舌阔于腮。

【雀舌】亦勺舌类，甚窄，其尖向上如钩。

【搭舌】窄而短薄，其头一折，紧贴于下，望之似无舌者。

【笏舌[4]】直而不卷，光而不沙，平而不绉。

【白沙】蕙素虽白，总带微绿，未有瓯素[5]之白者。

【绿沙】【青沙】【黄沙】【朱沙】

【刺毛沙[6]】舌有细点，或黑或黄或绿，近视方知。

【点绛唇[7]】舌上只一点红，瓯兰舌也。

【老来红[8]】初开全白，三四日后两腮微红，又名桃腮。

【杨妃[9]舌】两腮尽白，舌上粉红。

【墨舌】紫黑点。

舌色纯一者，俱称素。若非纯色，以白胎珠点为上。

注释

[1] 玷　玉石上的斑点。

[2] **鹦哥舌**　从正面看鹦鹉的舌头端部，呈小圆盘状。兰花一种舌瓣形态与之相像，躲缩在两捧之间且不伸长。

[3] **刘海舌**　古时称女孩前额上如垂帘状蓄留的一块头发为刘海。艺兰家借用其形象，将端部圆而微起兜的兰花唇瓣称为“刘海舌”。

[4] **笏舌**　兰花一种舌瓣形态，与笏或圭相像，又称执圭舌。笏（hù），古代大臣上朝时所握的手板，用玉石、象牙或竹片制成，上面可以记事；圭，古代帝王或诸侯在举行典礼时拿的一种玉器，两者上方均呈剑头形。

[5] **瓯素**　素心春兰。

[6] **刺毛沙**　又名刺毛素，兰蕙花朵的一种舌态，舌苔上没有红色斑点，但是有细微的黑点或黄点绿点，看起来像长在植物叶子背面的粉虱若虫。《第一香笔记》：“刺毛素，舌上有细点如毫末，或黑或黄或绿，细看方见。蕙无映腮、桃腮二种，惟刺毛素有之，舌无红点、带黄绿色。刺毛素复出间有净者。”刺毛，同翅目昆虫粉虱的若虫，多为深黑色，体披黑色刺毛，群集叶背刺吸汁液，体躯周围分泌白色蜡质物，3龄幼虫体长约0.7毫米。

[7] **点绛唇**　以古代女子用红纸沾唾液涂红双唇状，比拟兰蕙花朵白色唇

（舌）瓣正中有一红色小圆点的美丽形象。

[8] **老来红** 文中喻指花舌初开无红，三四日后渐渐出现红色。

[9] **杨妃** 即杨玉环，被唐玄宗李隆基册封为贵妃，后世誉其为古代四大美女之一。文中喻指花舌粉红，犹如“贵妃醉酒”，白皙脸上泛起浅红之色。

今译

有花瓣形状极佳的蕙花，然而因舌瓣的形状不佳而影响整个花格，就像是一处稍留斑点的玉石，显得美中不足。概括说来不论是素心或是彩心的蕙花，都须有宽阔的“舌”。舌形宽阔，才显得其端正，与整花有协调相称的美感。现将蕙花主要的舌形及舌色归纳于下。

【一】鹦哥舌：舌形圆而短，前端微垂而不翻卷。

【二】刘海舌：舌形短阔圆厚，舌端略垂。

【三】勺形舌：质硬凹如圆勺，大而短圆，似古时的麻油灯盏，故又称灯盏舌。

【四】荷包舌：前端略呈圆弧状，近鳃部变阔，即今称之如意舌。

【五】雀舌：也属于勺舌类，其形狭窄而尖长，舌尖上翘如钩。

【六】搭舌：舌形狭窄而短薄，端部突然往下一折而紧贴舌之外壁，粗看似为无舌。

【七】笏舌：笏舌有三个特点：一是向前伸出，直而不卷；二是舌面光洁无沙苔；三是舌形舒展、平整无皱纹。即今称之执圭舌，如‘元字’之舌。

【八】白沙舌：是蕙花素心品种，虽称为“白舌”，其实白中都带着微绿色或微红色。从未见蕙素花能像“瓯素”那样纯白的。

【九】绿沙舌、青沙舌、黄沙舌、朱沙舌。

【十】刺毛沙舌：蕙花舌苔上长有黑色或黄色或绿色的细点，须近看才能清楚。

【十一】点绛唇舌：白色的大圆舌上，前端正中有一个鲜艳红色圆点，犹古时女子用红纸抹嘴唇的那样艳丽，这类舌形在春兰中，有“西神”。

【十二】老来红舌：花刚开时舌色全白，过三四天后就明显可见两边腮部泛红，此舌形多见于素心种，俗称“桃腮素”。

【十三】杨妃舌：常见有素心蕙花之舌，乍看净白无瑕，但整体细看似净白底上罩染有一层淡红色光，如杨贵妃醉酒后的红脸蛋。

【十四】墨舌：所谓“墨舌”并非其舌色全黑，而是紫黑色苔沙如绒一样铺满舌面，故称。

兰蕙之花，无论舌瓣之色是红、是紫、是黄、是绿，只要整个舌瓣颜色是统一的，则可称素心花。如‘绿素’‘黄素’‘红素’。如果发现舌面之色不是纯色，则以白色舌苔上有粒粒红点的（称白胎珠点）为上品之花。

（一）鹦哥舌（大圆舌）

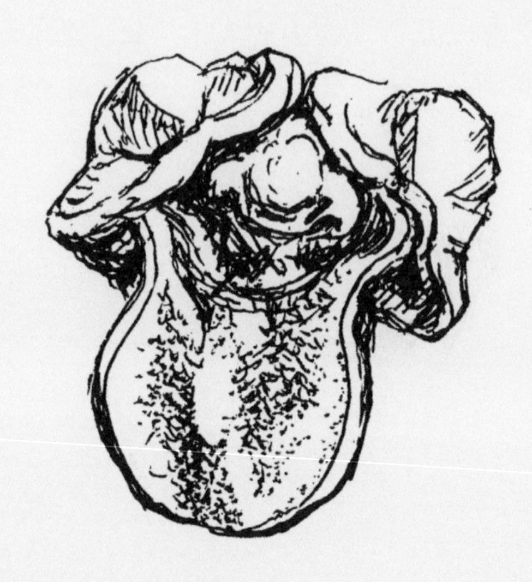

（二）刘海舌

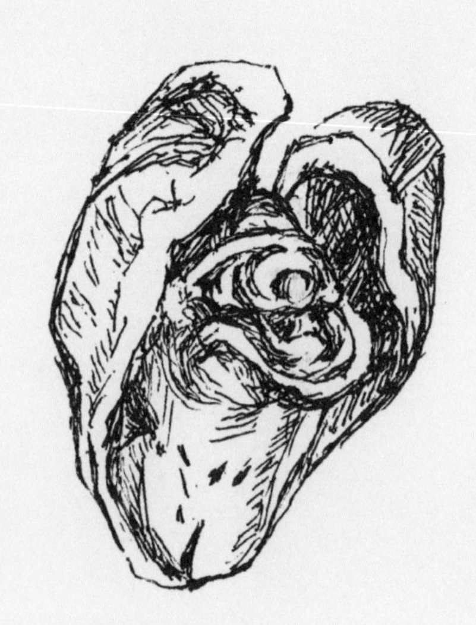

（三）勺形舌（灯盏舌）

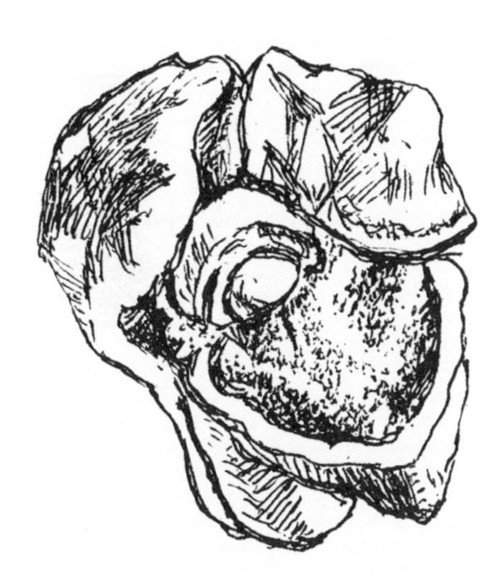

（四）荷包舌（大如意舌）

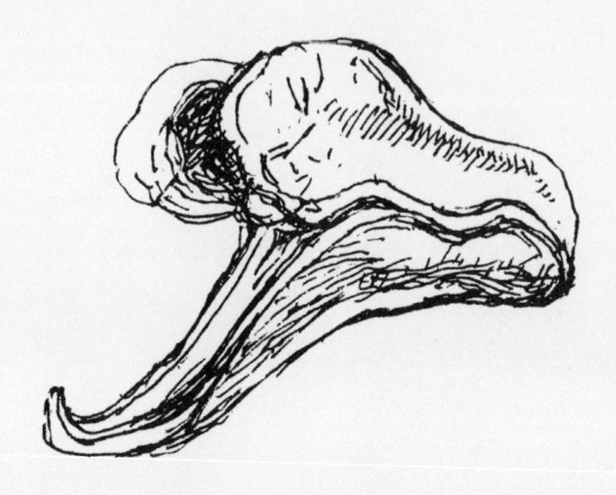

（五）雀舌

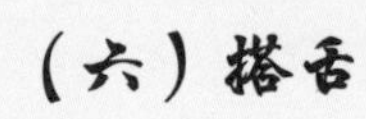

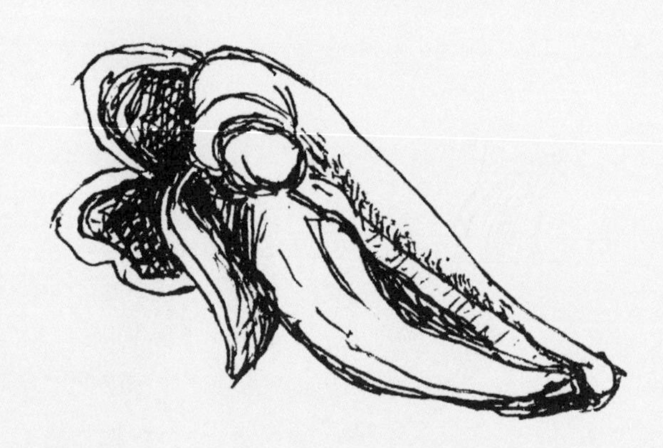

（七）笏舌（执圭舌）

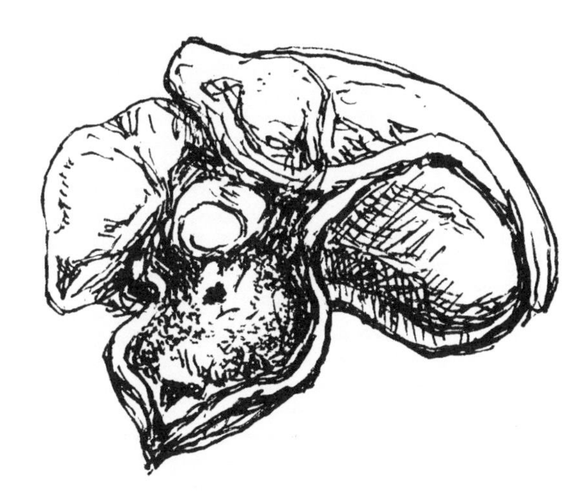

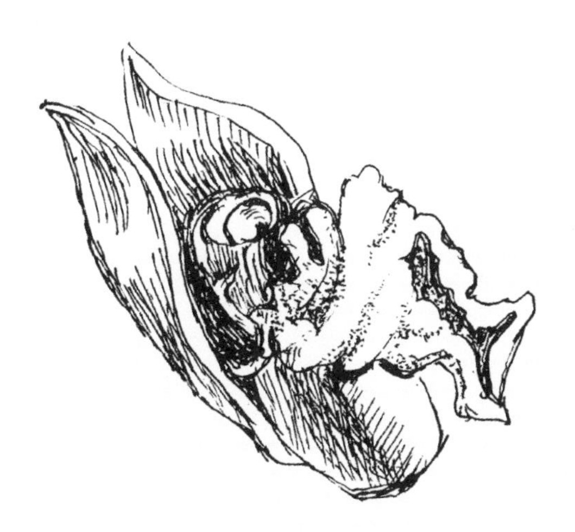

（八）白沙舌

（九）绿沙舌（青沙舌、黄沙舌、朱沙舌、刺毛舌）

（十）点绛唇舌

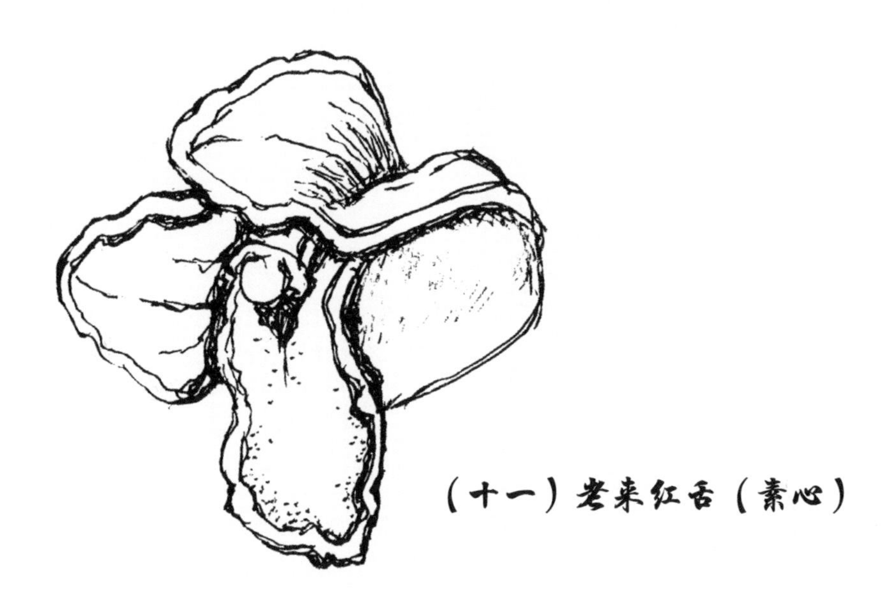

（十一）老来红舌（素心）

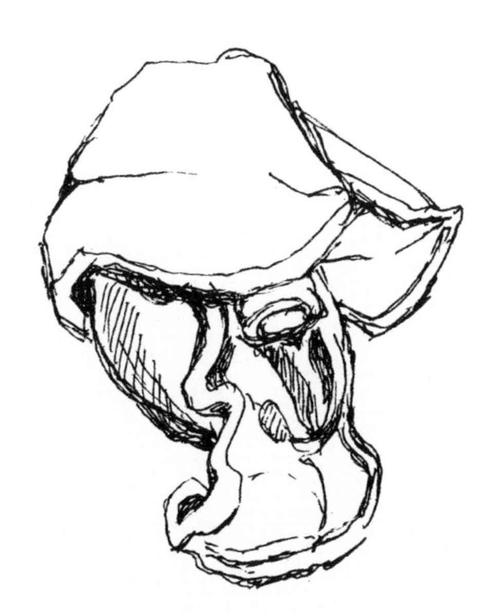

（十二）杨妃舌

（十三）墨舌

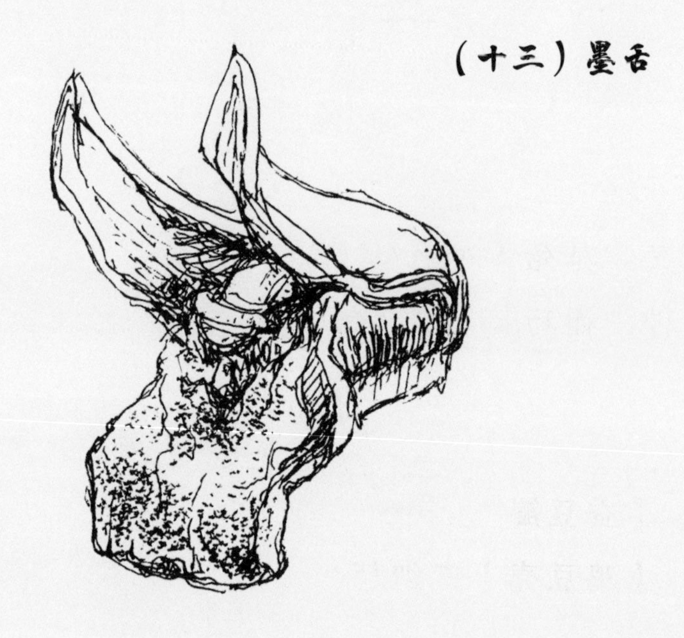

捧心

捧心有软有硬[1]。世俗以巧花皆谓之水仙，不知何义。是殆有仙气焉耳，何取于水哉？然捧心不过十余种，而巧花则数十百种，以其随瓣舌得名，愈出愈巧，不能深辨矣。

【观音兜[2]】短阔，其兜甚深，略如鹰嘴而无尖。

【蚕豆瓣[3]】椭圆形。

【鸡豆壳】有细柄。

【荷花瓣[4]】【梅花瓣[5]】【琵琶[6]】【僧鞋菊[7]】【蚕蛾[8]】【油灰头[9]】

【云头[10]】有白边。

又有如蜂者、蝶者、牛角者、蟹钳者、耳挖者、如意者、指甲者，俱有软硬之别。

注释

[1] **有软有硬** 兰花捧瓣端部因雄性化程度的强弱，分为硬捧、半硬捧、软捧等。

[2] **观音兜** 清代妇女的一种风帽，帽子后沿披至颈后肩际，看上去像是

观音菩萨所戴的帽子式样，与蕙花的一种捧瓣形态相似。

[3] **蚕豆瓣** 蚕豆花的翼瓣，呈椭圆形耳状，先端圆并向内起兜，基部作三角形，与蕙花的一种捧形相像。蚕豆又称罗汉豆、佛豆，豆科野豌豆属，一年生草本，花期4～5月，总状花序腋生或单生，花冠蝶形白色，具红紫色斑纹。果期5～6月，荚果肥厚，种子长方圆形，种皮革质，种脐线形黑色。

[4] **荷花瓣** 捧瓣形似荷花花瓣，端部起兜，收根放角。

[5] **梅花瓣** 捧瓣形似梅花花瓣，整瓣短圆。

[6] **琵琶** 捧瓣端部圆大微兜，基部细长，整个捧心犹如折扇的一种头型——琵琶头，故称琵琶头捧。

[7] **僧鞋菊** 毛茛科乌头属药用植物，主根（母根）加工后称“乌头”，侧根（子根）则称“附子”。亦作庭园观赏，叶如艾，花色紫碧，上萼片高盔形酷似僧鞋，与蕙花的一种捧形相像。

[8] **蚕蛾** 即蚕蛾捧，从侧面看捧瓣，就像刚刚破茧而出，尚未完全展开的蚕蛾翅膀。【校勘】原书作“蚕娥”。

[9] **油灰头** 兰蕙花朵两捧瓣端部，雄性化程度过强，整个捧头与鼻蕊甚至与舌瓣粘连成一块疙瘩，状如油灰赋子，故称。一般呈黄白色，犹如建筑材料油灰捏成的团块。油灰，填嵌缝隙或固定门窗玻璃等的膏状材料，一般以熟桐油与石灰或石膏调拌而成。

[10] **云头** 即云头纹，一种典型的云纹瓷器装饰纹样。多装饰在瓶、罐、壶等器物的肩部，也有装饰在盘、碗的内心部位，一般以青花海水为地，露白为纹。书中借喻兰花捧瓣端部和边缘出现的白边。

今译

兰蕙花朵的捧心，有“软”和“硬”的区别。在兰界里流行的说法，一概把瓣形好的所谓“巧花”都归纳为水仙。我不明白这样的概念到底是什么意思？大概是因为水仙有个“仙”字，这些佳花是仙人贬谪下凡后的化身，带有仙气吧！那又为什么要与这个“水”字扯上关系呢？

然而蕙花的捧心归纳起来只不过十余种，而目前所见的“巧花”，却有数十百种之多，如果根据外三瓣与舌瓣的不同形状来给予命名的话，那以后佳花将愈来愈多、愈出愈佳巧，就会造成无法把它们深辨清楚的后果！

【一】观音兜：形短阔，其兜较深，略如鹰嘴而无尖。

【二】蚕豆瓣：二捧形略椭圆，似蚕豆花的两片翼瓣。

【三】鸡豆壳：二捧形亦椭圆，头较鼓凸，脚细头宽，渐渐紧收。

【四】荷花瓣：二捧形似河蚌开口之两片壳，头圆大有兜，根部略收。

【五】梅花瓣：二捧头圆有合适的雄性化特征。

【六】琵琶头：捧瓣端部圆大微兜，基部细长，整个捧心犹如折扇的一种头型——琵琶头。

【七】僧鞋菊捧：二捧瓣高盔形，形似药用植物僧鞋菊花冠的上萼片而得名。

【八】蚕蛾捧：二捧形似刚刚破茧而出，尚未完全展开的蚕蛾双翅，根据品种雄性化程度不同，可分为硬捧和半硬捧两种，是梅瓣、水仙瓣中常见的捧形。

【九】油灰头捧：品种因雄性化极强，致使二捧瓣与鼻蕊及舌瓣等互相粘连成一个整体疙瘩。

【十】云头捧瓣：二捧雄性化较强，致使端部边缘出现白边，与瓷器的白色云纹相像。

【十一】蜂翅捧：蕙花的二捧瓣发生变异，产生舌化现象，全部舌化的形似蜂翅，称蜂翅捧。

【十二】蝶翅捧：蕙花的二捧瓣或两副瓣（肩）有一半舌化的，称蝶翅捧。

【十三】牛角捧：二捧自底部渐渐向上鼓突，变细变尖，如一对牛角，故称。有人又称作羊角捧。

【十四】蟹钳捧：二捧呈球形隆起，中间肥大，顶端短而尖，基部起棱收细，如螃蟹大螯相对状。

【十五】耳挖捧：二捧瘦长，头部形如勺，基部细长如“挖耳”状。

【十六】如意捧：二捧端部尖状，两边鼓大，构成一个等腰三角形，如玉如意头形。

【十七】指甲捧：清时一些文人，喜蓄长指甲，他们以身边熟悉之物来作比对蕙花二捧如长指甲，起兜，由底部向上慢慢收细。

注：本节有关“捧”的内容原著后部所列，只有几个捧名而无具体内容，为此，译注者试将它们列序编号对各自特征一一地作了补充。

（一）观音兜捧

（二）蚕豆瓣捧

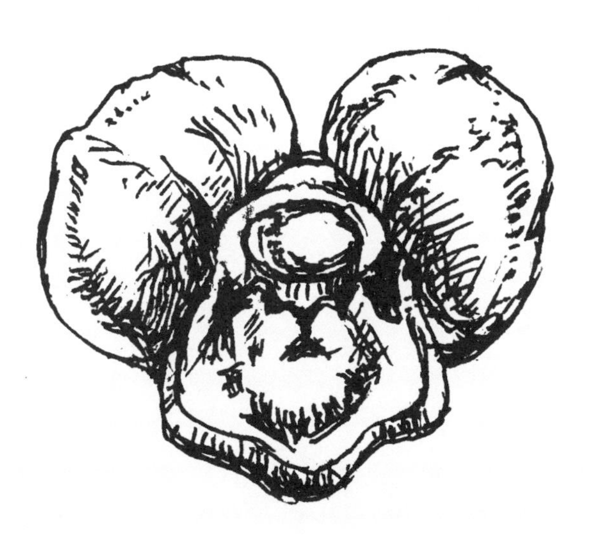

（三）鸡豆壳捧

（四）荷花瓣捧

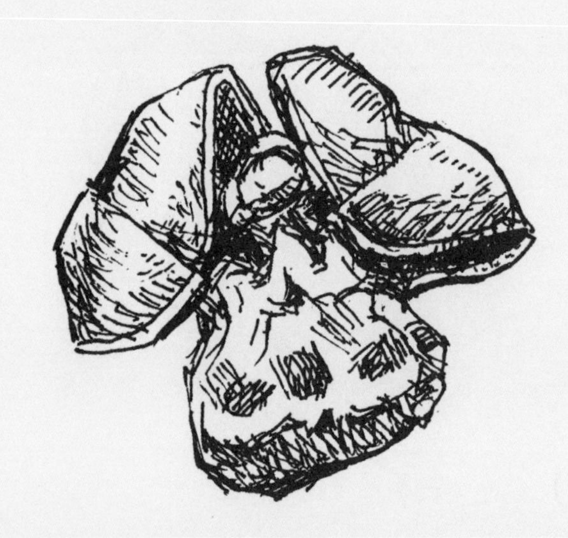

（五）梅花瓣捧

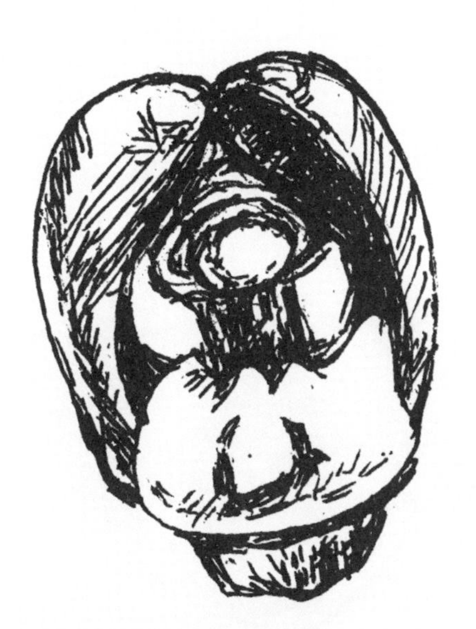

（六）琵琶头捧（青瓜兜捧）

（七）僧鞋菊捧

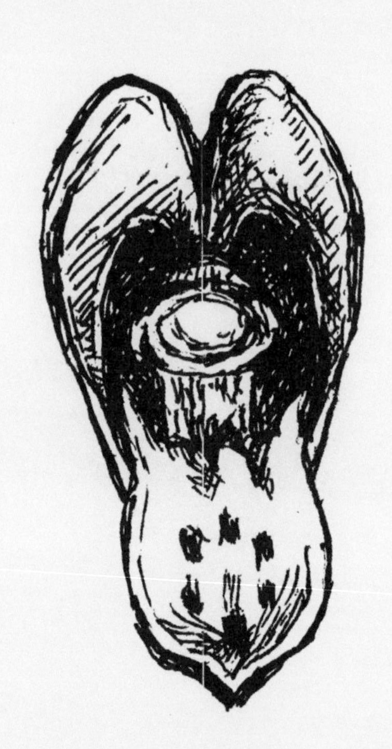

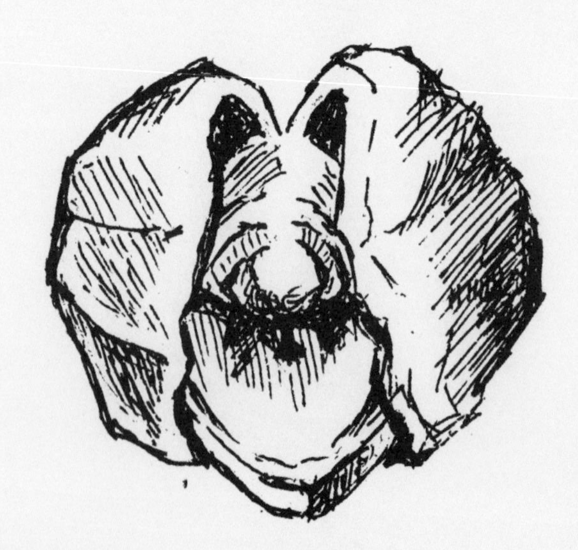

（八）蚕蛾捧

（九）油灰头捧

（十）云头捧

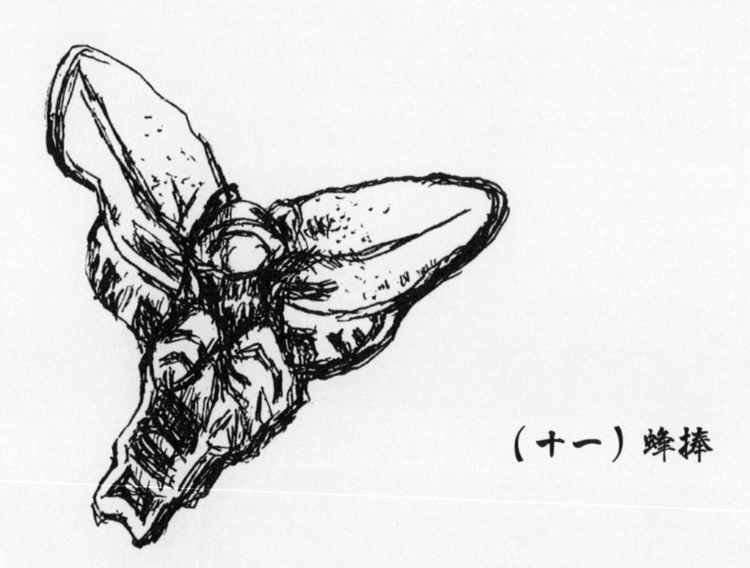

（十一）蜂捧

（十二）蝶捧

（十三）牛角捧

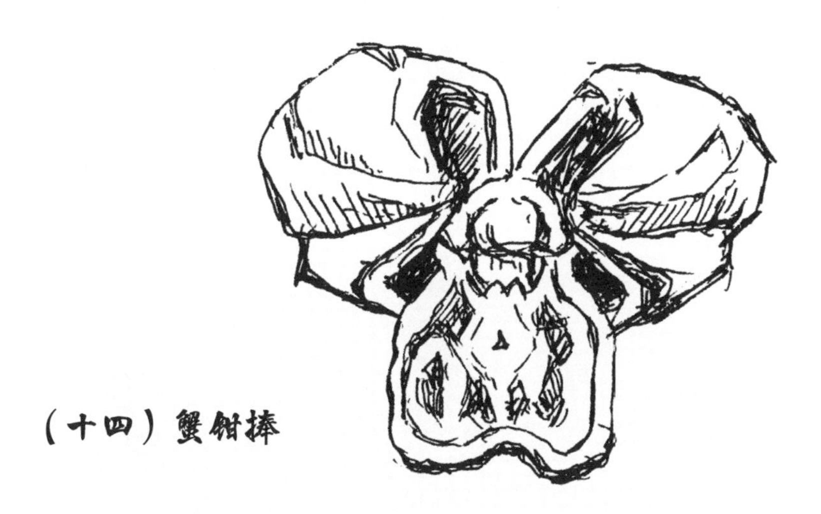

（十四）蟹钳捧

（十五）挖耳棒

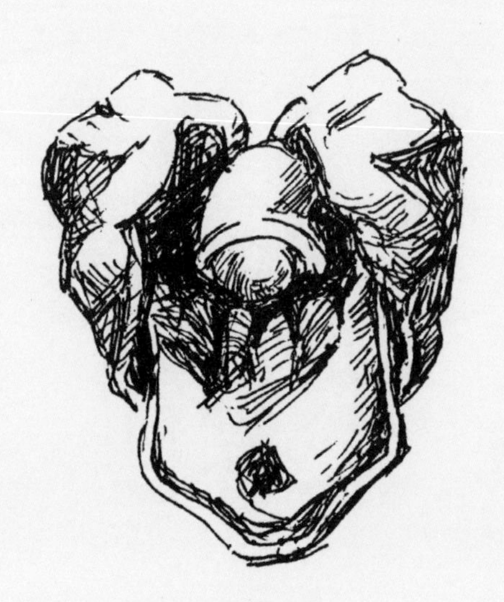

（十六）如意棒

（十七）指甲捧

栽培

夫草木迁移而不能带土，犹人得大病，其伤元气非浅矣。况蕙之携植，近或数百里，远或千余里；暂犹匝月[1]，久且十旬[2]。而后得土而居之，其气之伤为何如哉。若培之不善，毙可立俟。叶之不存，花将焉寄？故不可不讲栽培之法也。

种蕙土宜本山者佳，若非本山，亦须择山土之松者，或山土与草根土和用。近日种兰者，用浒关冠山[3]土，色紫，浇水不结，有似虞山[4]言子墓[5]上珠泥，最为疏松得宜。

种时将土筛细，以瓦片填盆底两层，加粗沙屑一层。然后入细土，厚二三寸，将蕙置上。根干者以水浸润，霉者洗净、剪去烂根。其根四面铺开，毋令直下。上盖细土，摇之使实，以指捺之，令根根着土。种毕置室中，勿见风日，勿移动。土干即喷水润之，得雨更妙。雨乃生气[6]，不妨淋漓[7]，既淋之后，必须风日矣。

盆种不得法，花不发，不若先种于地。天将雨，然后种之，种后或雪或大风，以物围而蔽之。绿头[8]宜阴，则色不变，俟其将开，然后起出盆种。剪去焦叶，其叶不更焦。

根坏根少者，盆种不易活，或已失气[9]，尤不易活。往往花长叶缩[10]、花开叶尽，故不如地种为得，虽有损失，亦必鲜[11]矣。

盆种遇雨而透，即露[12]置之，置室中必多坏烂。有绉[13]叶瘪[14]箏，种后得雨，可复旺若初。种时箏叶俱鲜旺，得雨忽叶绉箏瘪，是未得土气，精神提尽[15]之故。改种于地，犹可望生。然地种者亦有皱瘪之病，其叶本弱，须剪去其花，则叶可保存。

夏日置庭中，架以砖石，蔽以苇箔。如无遮架，须详审[16]妥处，要日少阴多、雨露不隔、风燥露湿，又藉日之微阳，斯易有花矣。若位置不审，东搬西迁，气候无常，生机日窒，则难有花矣。

《第一香笔记》云："久雨不可骤晒，烈日不宜暴雨"，良是。冬时置室中，叶不可冻，根勿太干。土若燥裂，则根之滋[17]反为土蚀[18]；太湿则根不收水，易冻而烂。然在冬宜护，交春[19]尤甚，最要在清明[20]前后。《群芳谱》[21]曰："二月兰花养最难，须防叶上鹧鸪斑[22]"，艺兰者多有此患，往往数年之叶，败于一朝。究其故，大约一冬藏护，其出也，宜渐不宜骤，宜迟不宜早，宜润不宜湿。盖寒燠[23]不常、春风多厉，易得病之候[24]也。有冬间不收藏者，反无纤毫之病，是亦偶然，不可为法。

叶无故而缩，病在太湿。谚云："干兰湿菊"，真阅历[25]语也。二三月叶坏，其伤在风。若向阳之屋，日日开窗、时时见风，则可无恙。惟一冬关闭，骤然受吹，即致百病。且蕙不患冬风，而独畏春风。《养兰诀》云："春不出"，确论也。交冬[26]和暖，长至[27]收藏，春间虽暖，出屋必在谷雨[28]时。慎不可早，早则不如勿藏也。

蕙性有耐寒、有不耐寒，不收藏非道也。倘见不藏者亦得活，因将佳种轻试之，必且遗悔无穷矣。

地种必须有风日处，蕙在山中，云蒸雾欝[29]，虽杂荆茅，欣欣自茂，其得生气为至厚也。若移植远地，未必皆山，春冬少阳，夏秋无露，失所实甚，安能望其生发哉？

盆以白石、紫沙为上，水绿磁[30]次之，白油[31]泥盆又次之。式宜圆而敞口，圆则便于盘根，敞则易于翻换。此外，或方斗或长方，亦雅致。高不过六七寸为则[32]，深而小口者非宜。

蕙性清洁，酒气、烟熏、鼻风、口雾，皆能损花，宜远之。

蕙用纱罩，防蜂故，亦为人故也，不得已而用之。若幽室独居，正当亲其芳韵，奈何[33]使隔一层帏障[34]乎？

注释

[1] **匝（zā）月** 满月，即三十天左右。

[2] **十旬** 一百天。

[3] **浒关冠山** 可能为江苏省苏州市虎丘区浒（xǔ）墅关镇境内的观山。

[4] **虞山** 位于江苏省苏州市常熟市，古称乌目山，因商周之际江南先祖虞仲（即仲雍）死后葬此而名。

[5] **言子墓** 孔子著名弟子子游的坟墓。言子（前506—前443），名偃，字子游，又称叔氏，春秋末吴国常熟人，孔门十哲之一。曾任鲁国武城宰，学成南归，在虞山等地设坛讲学，倡导以礼乐为教，史称“道启东南”“文开吴会”，去世后葬于虞山东麓名言子墓。

[6] **生气** 促使生长发育。

[7] **淋漓** 沾湿或流滴貌。文中指尽情淋雨无需阻挡。

[8] **绿头** 开绿色花瓣的蕊头。

[9] **失气** 损伤正气。

[10] **叶缩** 叶子渐渐失水起皱，最后变成褐色。

[11] **鲜** 少，不多。

[12] **露** 室外露天。

[13] **绉** 古同“皱”，皱纹，不舒展。

[14] **瘪** 不饱满，凹下。

[15] **精神提尽** 元气耗尽。

[16] **详审** 详细审察。审：仔细思考，反复分析、推究。

[17] **滋** 汁液，润泽。

[18] **蚀** 吸，吃，消耗。

[19] **交春** 即立春，农历二十四节气的正月或腊月节令，在每年公历2月3日、4日或5日，以太阳到达黄经315°为准，春季的第一个节气。

[20] **清明** 农历二十四节气的三月节令，在每年公历4月4日、5日或6日，以太阳到达黄经15°为准。清明节还是中华民族最隆重盛大的祭祖大节，属于礼敬祖先、慎终追远的一种文化传统节日。

[21] **《群芳谱》** 明代介绍栽培植物的一部谱录，全称《二如亭群芳谱》，成书于天启元年（1621），后有多种刻本传世。编撰者明代名士王象晋（1561—1653），字荩臣，山东新城（今桓台县）人，万历三十二年进士，官至浙江右布政使。全书30卷（另有28卷本，内容全同）约40万字，分为四部十四谱，其中"贞部"之"花谱三"载有"兰""蕙"两篇。

[22] **鹧鸪斑** 兰蕙因突受闷致褐斑病，叶上可见许多小黑点，因似鹧鸪鸟羽上的黑斑而得名。鹧鸪：主要分布于中国南方的一种雉科留鸟，体长约30厘米，羽色大多黑白相杂，尤以背上和胸腹等部的眼状白斑更为显著。

[23] **燠**（yù） 暖，热。

[24] **候** 时节。

[25] **阅历** 由经历得来的知识或经验。

[26] **交冬** 即立冬，农历二十四节气的十月节令，在每年公历11月6日、7日或8日，以太阳到达黄经225°为准，意味着冬季正式来临。

[27] **长至** 即冬至，农历二十四节气的十一月中气，在每年公历12月21、22或23日，以太阳到达黄经270°为准，这天地球北半球的日照最短、日影最长。

[28] **谷雨** 农历二十四节气的三月中气，在每年公历4月19日、20日或21日，以太阳到达黄经30°为准。春季最后一个节气，意味着寒潮天气基本结束，气温回升加快。

[29] **欝** 古同“鬱”，积聚、凝滞。

[30] **磁** 瓷器。古时专指磁州（今在河北省邯郸磁县）出产的瓷器，后因磁器产量巨大，导致出现以“磁”代“瓷”的现象。

[31] **白油** 即白釉，（花盆）釉色因白润瓷胎的映衬而显出白色。

[32] **则** 准则、限度。

[33] **奈何** 怎么，为何。

[34] **帏障** 指遮蔽之物。帏：帐子，幔幕。

今译

以不带土这种方式移栽花木，往往致所移栽的花木受损，犹如人得了一场大病伤了元气一样。后果非常严重。更何况兰蕙苗株运输的路途近的有数百里，远的或许有千余里。这些苗株一直到上盆得土安顿盆中，其间所花去的时间，较短的要一个月之久，长的则需百十来天才能到达。元气之伤该有何等之大！如果再加上栽培不得其法，那么苗株枯萎的日子就不会太久了！苗株都没有了，那花还能依靠谁呢？所以爱蕙的人们不可不讲究对蕙的栽培方法。

栽培蕙的植料（土壤），最好是采用该植株原生地的本山“娘土”，假如难以做到，也必须要选择质地疏松肥沃的山土，或者可把这种优质的山土与草根土混合后再加以使用。最近有一些栽兰的人，采用江苏浒关冠山的紫褐色土来栽培兰蕙，这种紫褐土经浇水后不会积水或板结，就像虞山子游墓周围的颗粒土（珠泥）那样，最为疏松，非常适合栽培兰蕙。

栽植蕙株之前，要预先将泥土过筛筛细，上盆时先用瓦片垫盆底两层，上再加粗沙粒一层，然后加细粒土厚约2～3寸，接着可以把蕙株置放盆中土上，如觉其根过干，可在栽植前用清水浸润，发现有霉根烂根的，也要在栽植前洗净，并把烂根剪除。盆中植株每条根，须向四面铺开，根端条条朝下舒展。然后才可加上细土，并用手掌轻拍盆壁、轻轻摇动盆子，使盆土变实，并用手指揿捺泥面，务使根能充分接触盆土。种毕后，须将盆株置放室内，暂避风吹日晒，也不可再移动植盆。如见盆土已干，即可喷水湿润，雨能促使万物生长发育，此时如能得雨，不妨任其畅淋，但要注意的是盆株被雨淋透之后，必须及时移盆至通风处，并要相应接受光照。

蕙之苗株栽植盆中，数年难大，花不生发，因此对一些用盆栽种不得法的苗株，不如把它们先直接移栽到地里去为好，待到天将雨时对它进行移栽。栽植后如遇下雪或刮大风，可用竹箪或蓬布加以围护遮掩。

注意那些出了大包壳的绿色蕊头，宜偏阴处置放，可使花色保持嫩绿不变，待到花将要开时，再由地里移株上盆，剪去枯焦败叶，好叶也不再枯焦。

遇有坏根、少根的蕙株，若将其盆栽，势必难活，有的或是已经丧失了元气，那就更不易成活了。往往可见到它们的花在慢慢长大，叶却在逐渐萎缩，最后的结果是花开了，叶却尽萎了。所以对这些坏根、少根的苗株不如仍把它栽在地里，虽然也会有一些损失，但毕竟可保住它们鲜活的生命！

盆栽之蕙如果遇雨，盆土已经被雨淋透，就必须放置室外任其透风吐气，若放在室内，必易发生根烂株败。由于偏干而致使叶皱、芽瘪的植株，上盆后若能得雨水，植株即可恢复生机，盎然如初。相反有的植株在刚上盆时，新芽和叶全都新鲜，受雨淋后不久就变成皱叶、瘪芽，原因是上盆时根与土没有紧贴在一起，致植株不能及时得到营养水分的补充，自己体内所存的一点元气被耗尽之故。此时若能及时移栽到地里，也许还有生还的希望。然而种到地里的植株也仍然会发生皱瘪之病，原因是植株本身已经脆弱，必须剪除所带的花，以减少体内营养消耗，植株才可得以保全。

夏日里，庭园中，先用砖块或石块垒成一条条磴子，再置放上盆栽蕙花苗株，上面用竹木搭起支架，再铺盖上芦苇帘子遮阴。如不设遮架，就须设法寻找一处日少阴多，能接受到雨露、微风、燥湿得宜的地方。并需能得到微弱的阳光，具备了这样的条件苗株就容易有花，如果不顾场地是否合适，今天搬东明天迁西，气候多变，盆蕙生长逐日不畅，这样就很难再起花了。

《第一香笔记》里说："久雨不可骤晒，烈日不宜暴雨。"这话确是经典良言。冬天时，盆蕙置放在室内过冬，不可使苗株受冻。也不可使根太干，如果盆土过干而致燥裂，植株根体内细胞里的水分反会被干土倒吸。相反若盆土太湿，而根的吸水功能薄弱有限，极易使苗株受冻害而致烂根。然而在冬季固然须重视对苗株的保护工作。但到了初春（冬春之交）时却要比冬时尤为重要，特别是在清明前后这个时段，《群芳谱》里说："二月兰花养最难，须防叶上'鹧鸪斑'。"（褐斑病）这种兰病，可说是艺兰者所莳兰蕙苗株中的多见病，往往是辛苦地养了好几年的上好苗株，竟败于一朝。仔细研究，原因大多是藏护了一冬的植株，却伤于出房工作做得不妥。其一，盆株出房宜"渐"（一步一步地），不宜"骤"（突然地，一下子）。其二，搬出时间宜"迟"（推迟），切不宜"早"（提前）。其三，盆泥宜"润"（盆土见潮），不宜"湿"（盆土含水饱满）。因为农历春二月里，气温多变，冷暖无常。有时春风如剪刀般凌厉，这些原因容易造成蕙花苗株致病的症候。也有一些艺兰人，冬时并未将自己所植之兰蕙收藏于室内，但那些植株反而能健壮依然，连一点小毛病都没有发生。要知道这只是一种偶然，千万不可当作是一种好方法去学着照做。

发现蕙之苗株，无故地萎缩黄枯，俗称"缩头"，病因原是盆土过湿。兰花有"干兰湿菊"的四字谚语，这的确是艺兰先人们从自己的实践中概括提炼出来的真言！农历二三月里有蕙苗株萎败，病因则是遭寒风侵袭。如果盆株是放在向阳的室内，能天天开窗，时时见风，应当可以安然无恙。只有那些在整个冬天都被紧紧关闭在室内的植株，如果突然受寒风侵袭，必然立即招致百病。而且蕙具有不怕冬天寒风的特性，却独独畏惧春风的寒气。所以《养兰诀》里"春不出"的说法，这意思是非常确切的。时至秋冬之交，如果气温仍旧和暖，盆蕙可延迟搬移进屋御寒的时间；反之春时气温虽已感暖和，盆蕙不可急于移出屋外。必须待到谷雨之时，小心不可早早提前出屋，如果你硬要提前，还不如先前不要将它们移进屋内置放。

蕙原自然生长于南北各地，本性就有耐寒与不耐寒的区别，它们下山后被人栽植于盆泥中，环境条件有所改变，抗性变弱。"严寒冬天里可不进房收藏"的主张，绝对是没有道理的错误之说。倘若你曾见过冬时不把盆蕙移置室内而仍然可活下来的这种事例，依此为由你就把自己的佳种轻率地来效法尝试，可以肯定地说：你必将会付出沉重的代价，因而留下你悔不当初的不尽遗憾！

要想在地上种好蕙草，必须选择通风有阳光的地方。蕙生长在山里，有一个云蒸雾罩的好环境，它们虽然夹杂在荆棘和茅草间，却依然能生长得欣欣向荣，繁茂自强。这是大自然不断地在给予它们丰厚的生活依靠。如果被移栽到远地某个新的环境，那里不一定都有高山深谷，春冬时日光稀少难壮株苗，夏秋时又没有雨露的滋润，它们便失去了坚实的依靠，还怎能再盼望生发壮大呢？

莳蕙的盆，材质以白石和紫砂的为最好，水绿（青）色瓷盆次之，白釉泥盆则为第三。盆子式样以圆桶形、敞口的为好，圆桶形可方便盘根，敞口则是便于翻盆和换盆。除此之外，正方形盆和长方形盆也尚清雅、好看。至于盆高，以不超过六七寸为规范标准，如果是再深的或是小口径的盆子，那就是不适合了。

蕙有喜欢清洁的本性，酒气、烟薰及人在鼻中呼出的热风或口中吐出的雾气热气，都会损害它们的生长，人在观赏它们时，也不可与它们靠得过近。

有人把正在放花的蕙连同植株一起用纱罩将它们罩住，原因既是防蜂蝶袭扰，也是防人鼻闻手抓，是不得已而所为的办法。如果是在自己静悄悄的书房里，那正是人与花，香与情，亲密交流之时，为什么要隔上一层帷幔，作为障碍物呢？

浇灌

浇灌者，花之饮食，不可无节[1]。若早晚失时，多寡失度[2]，鲜不致疾矣。总须干湿得宜，适花之性。惟天雨，虽十日亦无害。

冬日及初春，土干即浇；出屋后，每晨浇清水；夏日早晚两次浇，令土湿透；深秋浇百草汁[3]一二次。亦有喜肥不喜肥之别，在艺[4]者察[5]之。

浇花草宜用雨水，黄梅[6]雨水尤佳。遇天时干旱日，浇河水虽幸不死，亦难生发。香山[7]诗："千日灌溉功，不如一霡霂[8]"，信哉。天落之水，虽不及十分之一，犹胜河水数倍，故多贮为宜。

秋露是草木寝蓍[9]，不可失[10]也。云屏道人[11]每于秋时，收百草上露瓶贮之，为一岁滋兰之用。此劳而无补者，但置有露处，自得其益。若终年浇露，与水无异矣。

注释

[1] 节　节制，管束。

[2] **度**　限度，标准。

[3] **百草汁**　用多种野草或蔬菜加水沤制而成的肥料。

[4] **艺**　种植。

[5] **察**　仔细看，调查研究。

[6] **黄梅**　即黄梅天，初夏长江中下游流域经常出现一段持续较长的阴沉多雨天气。这段时期，器物易霉，故称“霉雨”；又值江南梅子黄熟，亦称“梅雨”。

[7] **香山**　白居易（772—846），字乐天，晚年号香山居士，唐代现实主义诗人。祖籍山西太原，生于河南新郑，官至翰林学士、左赞善大夫。

[8] **霡霂**（mài mù）　小雨。全句出自白居易的《喜雨》：“圃旱忧葵堇，农旱忧禾菽。人各有所私，我旱忧松竹。松干竹焦死，眷眷在心目。洒叶溉其根，汲水劳僮仆。油云忽东起，凉雨凄相续。似面洗垢尘，如头得膏沐。千柯习习润，万叶欣欣绿。千日灌浇功，不如一霡霂。才知宰生灵，何异活草木。所以圣与贤，同心调玉烛。”

[9] **寖蓍**（jìn shī）　出自《诗经·曹风·下泉》：“冽彼下泉，浸彼苞蓍”，寒冷的地下泉水，浸泡着丛生的蓍草。寖，古同“浸”，浸渍。蓍，多年生菊科蓍属草本植物，古人将其茎用来占卜。全句犹言用寒冷的秋露浇灌草木是种错误的举动。

[10] **失**　失误，过错。

[11] **云屏道人**　即谢晋，乾嘉年间江苏吴江梅堰人，曾主持吴江栖真道院。性恬淡，喜艺兰。所居曰冰壶精舍，著有《冰壶吟草》一卷。光绪《吴江县续志》卷二十三：“谢晋，字云屏，为火神庙道士，受业于陆英，画树石花鸟。”

今译

给花卉浇水，犹如给花卉供以吃喝一样重要。所以在兰蕙的日常管理工作中，浇水要做到有分寸，不可随意而无节制。如果早晨与晚间不能按时浇水，水量多少也没有标准（限度），这种做法花没有不生病的！概括一句给兰蕙浇水的话，叫做“干湿得宜”，是言在强调浇水不过多，也不过少，要正好适合花的特性之需。唯有对天上下来的雨水可以多加接纳，即使连接十天，也无碍。

在冬季和初春这段时间里，视栽培的盆土，可以“见干就浇”。农历谷雨后，盆蕙已搬移至室外，每日清晨都需要浇一次清水。到了夏季，盆土水分蒸发量加大，每天早、晚需各浇水一次，且每次都要浇透盆土。时至深秋（秋分后），可浇稀释的“百草汁”一或二次，注意蕙的品种也有喜肥和不喜肥的，艺兰人须仔细观察，能做到区别对待。

浇灌兰蕙等花草所用的水，以用雨水为宜，尤其是农历五月的“黄梅雨水”（江南有东南季风，常带来大量雨水——译注者注）为更佳。天气干旱时节，若每天老是浇河水，虽然可以保住植株不死，但新草新株却难以生发。香山（白居易）的诗里说：“千日灌溉功，不如一霡霂”（人们长期辛勤地灌浇着花，不如老天爷洒一次小雨更为顶用——译注者注）这话非常可信！“天落水”即积贮缸里的雨水，虽不及河水的十分之一，但它的作用却可胜过河水的好多倍，所以艺兰人应多多地贮存“天落水”为好。

用寒冷的秋露浇灌草木是种错误的举动。栽培兰蕙的云屏道人，每到秋天，他用一块大白布盖在有露水的草上，然后收起露水贮装在瓶里，此后整整一年里，就用瓶里的露水来滋养他所莳的兰蕙。他这么做可能是白白辛苦一场，也许于事无益。但若能把栽有兰蕙的盆子置放在能接受到露水的地方，植株自然能够受益。至于整年都用收取的露水代水浇灌兰蕙，那么这露水与普通的水就没有什么区别了！

杂志

草之后彫[1]者，书带[2]、吉祥[3]、菖蒲及兰蕙数种耳，而兰蕙独芳英馥郁，雅态冲和[4]，百花未有能比其清华者，岂非王者之香乎？

牡丹之王以其貌，兰花之王以其香。牡丹为王，芍药为相，以形色论，固[5]至当不易[6]。兰花为王，蕙花为相，以色香论，亦循分[7]相安。然吾谓芍药之于牡丹，不能出一奇以争胜以为相，固中心诚服[8]矣。至若蕙之于兰，德不足而才有余以为相，蕙固甘心，于兰终觉不妥。是不可以君臣定其位，当以昆季[9]序其行，兰兄蕙弟[10]可也，李笠翁[11]亦有此说。

百花皆花也，蕙则犹人也。百花之初胎，其为状，靡不审[12]。人之生也，禀气[13]异于先，意趋[14]殊于后，慧者愚，愚者慧。才矣，而边幅不修；贤矣，而中年失操。一息尚存，论何由定？故能知人之变态[15]者，其亦知蕙之变态也夫。

“好花原与美人同，国色从来未易逢。拟向岩阿[16]寻遍去，料应西子[17]肯怜侬。”吟诗未已，客尤[18]予曰："谋生不知，惟耽[19]艺蕙，痴哉！"予复吟且答曰："时平且可娱芳草，莫使心肠逐利名。君不痴，安知之？"

癸酉[20]立夏[21]前一日，有感得一绝，云："小时不识春可惜，廿载无心任离别。迩来[22]倏忽[23]壮年过，但觉春归情戚戚。"又五言一绝，云："明朝春欲去，此际意缠绵。知有重来日，其如[24]又一年。"

倦而假寐[25]，忽见美人来别，既觉，盆中绿蕙一枝，为友剪去。异之，纪以诗曰："绝世娉婷[26]梦后思，风光泉石两相知。最怜默默含愁去，不识重来更几时？"题曰：《赠梦中美人》。秋间，复发一箭，甲戌[27]上巳[28]乃开，肥厚犹昔。狂喜，复赠一绝，云："去秋有信今春到，待得春来盼到今。重见玉颜欣更好，只怜予发已萧森。"

六月中开蕙花，其香与瓯、建无异。非异种也，生箭偶迟，遂与建同时，而气味亦同矣。

嘉庆乙亥[29]九月中旬，地上开绿蕙一枝；道光辛巳[30]九月廿日，盆中开绿蕙一枝，香馥幽异。与六月开者气味全似建兰，而尤耐久，至十月十日犹香，恐妨其本，乃剪落。

枫江[31]程自山先生，先大父[32]契友[33]也，家贫亲老[34]，与夫人生香同堂教授，以给饔飧[35]，日相唱和。先生有《月夜观素心兰》一绝，云："一痕蟾魄[36]淡晴霞，一片冰心透碧纱。却忆早春残雪后，玉人和月折梅花。"烟火食者，鲜能道此。

予家多断简[37]，另置一架，有《西塘[38]酬唱集》，沈归愚[39]、王西庄[40]、曹渔蓑、虞东皋[41]、程自山、先伯祖萼亭，以下数十人，而独无大父诗。岂适在所脱耶？或大父已入都，不预[42]其会耶？集中有《雪蕙》诗，今录数首，并摘佳句。

归愚七律[43]云："百亩何须蕙作林，一枝素干弱难禁。客因入室称同臭，花不当门免见侵。雪瓣合纫高士佩，清风自拂玉人琴。目成两两闲相对，不语分明写此心。"

蔡松漪七律云："同心竟尔交如水，肯学春红[44]作雨翻。澹月侵庭应有思，疏风独立已忘言。非关服媚[45]劳幽梦，聊避[46]当门掩故园。无限旧怀凭一诉，蒹葭[47]露白阻湘沅[48]。"

伯祖萼亭公七绝[49]云："琼枝[50]湘叶影亭亭，皓魄如银夜未冥[51]。试抚瑶琴[52]歌百亩[53]，素心人倚水心屏。"

顾花桥五绝[54]云："怀贞出岩穴，知为香所误。长抱涓洁心，幽人共情素。”

吴南琴句云：“洁白合昭[55]之子德，幽贞自喻美人心。”

沈井南句云：“植本已知同臭少，赏花尤觉素心难。”

孙葭游五律[56]后半云：“澹泊明初志，沅湘有故知。纫来堪作佩，秋水寄相思。”

余作甚夥[57]，皆可讽咏[58]。

山人于暮春[59]时入山，见佳花取种于家，有笋分出，远售吴下[60]诸郡，以弋[61]利。

佳蕙在山，不为人知，为樵夫、牧子之所蹂躏[62]者，不知凡几[63]。其出于人间而坎坷蹭蹬[64]以死者，又不知凡几。然则[65]岂生才[66]之少乎？彼能表见[67]于世，而为人所珍重欣羡[68]者，幸耳！蕙犹如此，人胡不然？

少年种蕙，眼高心热，必欲得称意花，中等者殊不愿也。数年之后，终不可得，于是心尽望绝，虽文柳[69]亦自珍爱矣。

年年花友买得蕙花两三篓，沾手涂足，腰腿俱折。偶得一二可观之萼，既各自夸，又复相羡，颇似未放榜之举子[70]，人人有望。及至开时，一无可取，丧气而已。或有佳萼，因珍爱之极，处置不定，又看者动摇指触，以致不发，惆怅[71]莫释，殊可笑也。

有正[72]则有奇[73]，此天地之理，无事不然，无物不然，而兰蕙其尤也。寻常蕙瓣而捧心不异者，正也；捧心异于蕙瓣，所谓巧花者，奇也。由情兰、金兰而类推之，正而奇者也；由观音、刘海而比似之，奇而正者也。乃若[74]勺[75]也、梅也，荷花、水仙也，捧舌俱称，实为超特，此固正中之正也。至于蝶也、蜂也，鸡豆、蚕蛾也，捧舌俱别，几不似兰，此又奇中之奇也。正固可贵，奇又可喜，殊途同归，止于至善，斯为佳耳。

兰蕙，花中逸品[76]也，若以高人目[77]之，必是严子陵[78]、陶渊明[79]一辈。兰蕙，花中仙品[80]也，若以美人方[81]之，必是杜兰香[82]、萼绿华[83]一流。

兰蕙有如荀令[84]，片刻留连，便觉遗香不尽。兰蕙又如卫玠[85]，千人指目[86]，将有看杀[87]之虞[88]。

兰蕙娱心，非直[89]花也。即是一掬苍苔，数茎绿叶，时时对之，真可忘忧，不似萱草[90]之有名无实。

蕙花探头至排铃[91]，须廿日或半月。排铃至转柁，十日或六七日。转柁至开花，三日或五日。初开至开齐，五日或两日或一日。

《本草》[92]云：“兰草，一名蕑，即泽兰，俗称都梁香、千金草、省头草[93]、孩儿菊者，其叶有歧，非今之兰也。薰草，一名蕙，即零陵香，与兰俱生下湿地，非今之蕙也。”且历引朱子[94]《离骚辨证》[95]熊太古[96]《冀越集》[97]陈止斋[98]《盗兰说》[99]方虚谷[100]《订兰说》[101]杨升庵[102]、吴草庐[103]之《兰说》[104]，以驳正寇宗奭[105]、朱丹溪[106]之言。又以“黄山谷[107]所谓‘一干一花为兰，一干数花为蕙’，因不识兰草、蕙草，遂以兰花强生分别。”然则今之兰蕙，古人其无名乎？以如是之花，而无以名之，古人岂其然[108]耶？

《郑风》[109]“方秉蕑[110]兮”，古诗“兰泽多芳草[111]”，似指泽兰[112]。若“伤彼蕙兰花，含英扬光辉[113]”，则非泽兰矣。盖蕑与薰[114]，其花甚细，何光辉之可扬？

宋鲍明远[115]诗：“帘委兰蕙露，帐含桃李风[116]”，梁武[117]诗：“羞将苓芝侣，岂畏鶗鴂鸣[118]”，白香山诗：“青松高数丈，绿蕙底数寸[119]”，皆非咏省头草也。

朱子《咏蕙》云：“今花得古名，旖旎[120]香更好”，可见古今所咏不同。大约齐梁[121]而后咏兰蕙者，皆非古兰古蕙。何前后之相蒙[122]耶？自予论之，古之兰蕙，枝叶虽香，而花不足观；今之兰蕙，叶既婀娜，花尤芬馥。古之兰蕙可入药，非所必须；今之兰蕙可忘忧，即可当药。宜其掩古振今，专美[123]于后矣。

孔子猗兰一操，已属可疑，鲁卫[124]之山，不生兰蕙，岂古有而今无乎？抑不在鲁卫之间乎？定为王者之香，且又生于空谷，则断非泽兰矣。《家语》[125]云："芝兰之室，久而不闻其香"，夫泽兰不揉则不香，室中何取？此是必今之兰花也，然则古人亦称今之兰为兰矣。若谓兰草不可佩，则兰旌桂旗[126]、荷衣芰裳[127]，皆非旌旗裳衣之质也。骚人[128]取兴[129]，何必不然？

泽兰即省头草，今吴人亦佩之，因其香谓之曰兰，可也。而吴人之称佩兰，袭古之讹，非因香似也。方虚谷谓："今之兰，其根名'土续断'，因花馥郁，故得兰名。"果如所云，古人必不重兰，而所重在土续断矣。

《本草》所用之兰，则确乎泽兰，不可易也。今兰之根叶，毫无气味，似非药物。花又酸涩，恐人误用，故引诸公所辨以明之，亦自有见地。然世颇有一名二物者，何独于兰，而哓哓[130]置辨[131]耶。

蕙生大鼻如狮鼻[132]，此花之结子者也。其子在柄，柄分三棱，渐大如拇指，冬间枯裂。子白而细，小如苍蝇子，轻空似无实者。余曾种之，未见出生也。

安庆[133]徽[134]严[135]等处之蕙，不出佳花，余游行山中，殊无所见。春时，乡人及樵子拔取成筐，入城售卖，价贱而花次。吴中[136]山货行所售原篓，有时颇得佳瓣，是系宁绍台[137]一路所产，地渐近闽，故多异种与[138]。

道光乙未[139]春，过西津[140]，与旭村兄游文思庵，颇精洁，云是翠峰和尚之退院[141]。和尚善诗画，喜兰蕙，有名蕙三十余盆，其最上者名翠禅梅。一夕，花贼逾垣，尽窃之。和尚怅恨成疾，于道光十年化去，壁上囊琴[142]犹在，其胞弟为榜眼[143]徐颋[144]。和尚自幼出家狮林[145]，城中巨室[146]共葺[147]此庵，与之为养性所，其没时已七十余岁。

注释

[1] **彫**　通"凋"，草木衰落，损伤，衰败。

[2] **书带**　即书带草，百合科沿阶草属常绿多年生草本，地下有连珠状根。初夏叶间抽花轴，上部开花，穗状花序。《二如亭群芳谱》："书带草，丛生，叶如韭而更细，性柔纫，色翠绿鲜妍。出山东淄川县城北黉山郑康成读书处，名康成书带。草艺之盆中，蓬蓬四垂，颇堪清赏。"

[3] **吉祥**　即吉祥草，百合科吉祥草属多年生常绿草本。地下根茎匍匐，节处生根。叶丛生于茎节，呈带状披针形。《花镜》："吉祥草，丛生畏

日，叶似兰而柔短，四时青绿不凋。夏开小花，内白外紫成穗，结小红子。但花不易发，开则主喜。”

[4] **冲和** 淡泊平和。

[5] **固** 确实。

[6] **至当不易** 形容极为恰当，不能改变。至：极；当：恰当；易：改变。

[7] **循分** 谨守名分。

[8] **中心诚服** 真心地服气或服从。语出《孟子·公孙丑上》：“以德服人者，中心悦而诚服也”。

[9] **昆季** 兄弟。长为昆，幼为季。

[10] **兰兄蕙弟** 李渔《闲情偶寄》有记：“兰蕙之开，时分先后，兰终蕙继，犹芍药之嗣牡丹，皆所谓兄终弟及。”

[11] **李笠翁** 即李渔（1611—1680），字谪凡，号笠翁。浙江金华府兰溪县夏李村人，生于南直隶雉皋（今江苏如皋），明末清初文学家、戏剧家、美学家。著有《闲情偶寄》《笠翁十种曲》《无声戏》《十二楼》《笠翁一家言》等。

[12] **靡不审** 无不确切。靡：无，没有；审：确切，不偏斜。

[13] **禀气** 天赋气性。

[14] **意趋** 志向，愿望。

[15] **变态** 指事物的性状发生变化，也指在生物个体发育过程中的形态变化。

[16] **岩阿（ē）** 山的曲折处。

[17] **西子** 即西施，中国古代四大美女之一，春秋末期出生于越国诸暨苎萝村。《吴越春秋·勾践阴谋外传》：“越王勾践败于会稽，范蠡取西施献吴王夫差，使其迷惑忘政。”后西子成为美女的泛称，书中喻指佳种兰蕙。

[18] **尤** 抱怨。

[19] **耽（dān）** 沉溺，入迷。

[20] **癸酉** 即嘉庆十八年，公元1813年。

[21] **立夏** 农历二十四节气的四月节令，在每年公历5月5日、6日或7日，以太阳到达黄经45°为准，夏季的第一个节气。

[22] **迩来** 近来。

[23] **倏（shū）忽** 很快地，忽然。

[24] **其如** 怎奈，无奈。

[25] **假寐（mèi）** 打盹儿，打瞌睡，不脱衣服小睡一下。

[26] **娉（pīng）婷** 姿态美好。

[27] **甲戌** 即嘉庆十九年，公元1814年。

[28] **上巳（sì）** 即上巳节，原为农历三月的第一个巳日，魏晋后渐改以黄帝诞辰三月初三为上巳节，俗称三月三。

[29] **嘉庆乙亥** 即嘉庆二十年，公元1815年。

[30] **道光辛巳** 即道光元年，公元1821年。道光：清宣宗爱新觉罗·旻宁（1782—1850）的年号，共用30年，从1821—1850年。道光三十年正月清文宗即位沿用，次年改元咸丰。

[31] **枫江** 又称枫桥塘、枫里星河，南接胥江、越来溪，是苏州古城和太湖的另一条北上水道。

[32] **大父** 称祖父，或称外祖父。

[33] **契友** 情意相投的朋友。

[34] **家贫亲老** 家里贫穷，父母年老。旧时指家境困难，又不能离开年老父母出外谋生。

[35] **饔飧（yōngsūn）** 早饭和晚饭，泛指饭食。

[36] **蟾魄** 月亮的别称，亦指月色。

[37] **断简** 残缺不全的书籍文章。简：古代用来写字的竹片。

[38] **西塘** 可能为当时某处地名。今苏州吴江有西塘社区，旁边有西塘河，东南面有东城沿路，石里社区在其西面。

[39] **沈归愚** 即沈德潜（1673—1769），江苏长洲人，字碻士，号归愚，乾隆四年进士，时年67岁，称江南老名士，后升任内阁学士兼礼部侍

郎。辞官后在原籍食俸。工诗，作品有《竹啸轩诗钞》《归愚诗文钞》《古诗源》等。

[40] **王西庄** 即王鸣盛（1722—1798），清史学家、经学家、考据学家。江苏嘉定人，字凤喈，号礼堂，又号西庄，乾隆十九年进士第二名，累官内阁学士兼礼部侍郎，随即左迁光禄内卿。因母丧归，遂不复出，闭门读书经，诗文均有成就，著作有《尚书后案》《周礼军赋说》《西庄始存稿》《蛾术编》等，撰《十七史商榷》百卷，为传世之作。

[41] **虞东皋** 即虞景星（1670—1751），字东皋，江苏金坛人，康熙五十一年进士，初官知县，后改授吴县教谕。工诗、书、画，尤善画松，有“三绝四海”之誉。

[42] **预** 参与，通“与”。

[43] **七律** 即七言律诗，中国传统诗歌的一种体裁。其格律严密，由八句组成，每句七个字，每两句为一联，共四联，分首联、颔联、颈联和尾联，中间两联要求对仗。

[44] **春红** 春天的花朵。

[45] **服媚** 喜爱。《左传・宣公三年》：“郑文公有贱妾曰燕姞，梦天使与己兰，曰：‘余为伯儵。余，而祖也。以是为而子，以兰有国香，人服媚之如是。’既而文公见之，与之兰而御之。辞曰：‘妾不才，幸而有子。将不信，敢征兰乎？’公曰：‘诺’。生穆公，名之曰兰。”。杨伯峻注：“服媚之者，佩而爱之也。”

[46] **聊避** 暂且躲避。

[47] **蒹葭**（jiānjiā） 芦苇。诗中借名《诗经》中的一首名诗《蒹葭》，表达相思之情。

[48] **湘沅** 湘江与沅江的并称，亦称沅湘，二水主要流经湖南省，流域盛产兰蕙。

[49] **七绝** 即七言绝句，中国传统诗歌的一种体裁。全诗四句，每句七字，在押韵、粘对（平仄）等方面有严格的格律要求。

[50] **琼枝** 传说中的玉树枝，诗中借喻蕙兰的花莛。

[51] **冥** 昏暗。

[52] **瑶琴** 即古琴，中国传统拨弦乐器，“琴”为其特指，位列中国传统文化四艺“琴棋书画”之首，自古以来一直是文人雅士的必备技能和必修科目。2003年古琴艺术列入世界第二批人类非物质文化遗产代表作名录，2006年列入第一批国家级非物质文化遗产名录。

[53] **百亩** 诗中借指蕙兰。出自屈原《离骚》:“余既滋兰之九畹兮，又树蕙之百亩。”

[54] **五绝** 即五言绝句，中国传统诗歌的一种体裁。全诗四句，每句五字，在押韵、粘对（平仄）等方面有严格的格律要求。

[55] **昭** 显扬，显示。

[56] **五律** 即五言律诗，中国传统诗歌的一种体裁，全篇共八句，每句五字，有仄起、平起两种基本形式，中间两联须作对仗。

[57] **夥** 多。

[58] **讽咏** 讽诵吟咏。

[59] **暮春** 指春季的末尾阶段，即农历三月。

[60] **吴下** 泛指吴地，春秋时吴国所辖之地域，包括今之江苏、上海大部和安徽、浙江、江西的一部分。亦指东汉时的吴郡。下，用于名词后表示处所。

[61] **弋** 获取。原义指带绳子的箭。

[62] **蹂躏** 踩踏，践踏辗压。

[63] **不知凡几** 不知道一共有多少，指同类的事物很多。

[64] **蹭蹬**（cèngdèng） 险阻难行。

[65] **然则** 连词，连接句子，表示连贯关系。犹言“如此，那么”或“那么”。

[66] **生才** 犹天才，英才。文中喻指佳蕙。

[67] **表见** 显示，显现。

[68] **欣羡** 喜爱而羡慕。

[69] **文柳** 花的瓣形略有弯曲或修长如柳叶状的花品，它们虽居“行花

门”，但仍具有一定的观赏价值。

[70] **举子** 科举考试的应试人。

[71] **惆怅** 因失意或失望而伤感、懊恼。

[72] **正** 古时兵法术语，作战以对阵交锋为正。文中借指正常情况。

[73] **奇** 古时兵法术语，作战以设伏掩袭等为奇。文中借指特殊的、稀罕、不常见的。

[74] **乃若** 至于。

[75] **勺** 【校勘】原书作“芍”。

[76] **逸品** 谓技艺或艺术品达到超众脱俗的品第。

[77] **目** 看待。

[78] **严子陵** 即东汉著名隐士严光（前39—41），浙江余姚人。少有高名，与东汉光武帝刘秀同学，亦为好友。刘秀即位后，多次延聘严光，但他隐姓埋名，退居富春山。后卒于家，葬于余姚的客星山（陈山）。今浙江桐庐仍有严子陵钓台古迹。

[79] **陶渊明（352或365—427）** 东晋末诗人、辞赋家，字元亮，又名潜，私谥“靖节”，浔阳柴桑（今江西九江）人。曾为江州祭酒、镇江参军，后任彭泽县令，八十多天便弃职归隐田园，至死不仕。其诗以《归去来兮辞》《饮酒》《桃花源记》等为代表，今存《陶渊明集》。

[80] **仙品** 稀有罕见的非凡之品。

[81] **方** 比拟。

[82] **杜兰香** 传说中的仙女。《墉城集仙录》：“杜兰香者，有渔父于湘江之岸见啼声，四顾无人，唯一二岁女子，渔父怜而举之。十余岁，天姿奇伟，灵颜姝莹，天人也。忽有青童自空下，集其家，携女去，归升天。谓渔父曰：‘我仙女也，有过，谪人间，今去矣。’其后降于洞庭包山张硕家。”

[83] **萼绿华** 传说中的仙女。南朝梁陶弘景《真诰·运象篇第一》：“萼绿华者，自云是南山人，不知是何山也。女子年可二十上下，青衣，颜色绝整，以升平三年十一月十日夜降羊权。”

[84] **荀令（163—212）** 即东汉末年著名政治家、战略家荀彧（yù），字文若，颍川颍阴（今河南许昌）人。曹操统一北方的首席谋臣和功臣，官至侍中，守尚书令，封万岁亭侯。史载荀彧为人伟美有仪容，好熏香，久而久之身带香气。《襄阳记》载“荀令君至人家，坐处三日香”。

[85] **卫玠（286—312）** 西晋河东安邑（今山西夏县北）人，字叔宝。中国古代四大美男子之一，风姿秀异，有玉人之称，好谈玄理，官至太子洗马。

[86] **指目** 手指而目视之。

[87] **看杀** 谓被人争看，忙于应付而疲劳致死。词出《晋书·卫玠传》：“京师人士闻其姿容，观者如堵。玠劳疾遂甚，永嘉六年卒，时年二十七，时人谓玠被看杀。”后人以“看杀卫玠”比喻为群众所仰慕的人，亦来形容一些男性外表出众，十分俊俏。

[88] **虞** 忧虑，忧患。

[89] **直** 只，仅仅。

[90] **萱草** 百合科多年生宿根草本，其根肥大，叶丛生狭长，背面有棱脊。花漏斗状，橘黄色或橘红色，一般无香，可作蔬菜，俗称金针、黄花菜。古人以为种植此草，可以使人忘忧，因称忘忧草。

[91] **排铃** 此指小排铃，蕙花花莛发育长高，蕊头全部冲出大衣壳后紧贴花梗。

[92] **《本草》** 即《本草纲目》，本草学、博物学巨著。明代李时珍（1518—1593）撰成于1578年，共52卷，约200万字。载药物1892种，其中植物药1094种，并附有药物图1109幅，方剂11096首。其中第14卷有“薰草（蕙草）”“兰草”两篇，篇中对有关“兰”的植物进行辨析正误，并提出“兰花”一词，以示与“兰草”之区别。

[93] **省头草** 兰草的别名。《本草纲目》：“《唐瑶经验方》言：江南人家种之，夏月采置发中，令头不膻，故名省头草。”

[94] **朱子** 即朱熹（1130—1200），南宋理学家、哲学家、教育家，儒学集大成者，别称紫阳先生，谥文。祖籍徽州婺源（今属江西），生于南剑

州尤溪（今福建尤溪）。著有《四书章句集注》《太极图说解》《周易读本》《楚辞集注》等。

[95]《离骚辨证》 即《楚辞辩证》，作者朱熹。书中上卷就屈原《离骚》列专条考证旧说，其中有篇阐明“今之所谓兰蕙”非“古之所谓香草”。

[96]熊太古 元代丰城人，熊朋来之孙。登进士，官至江西行省郎中。至正末弃官，入明后不仕而终。【校勘】原书作“熊大古”。

[97]《冀越集》 即《冀越集记》，撰者元熊太古。此书自序题乙未岁，为元至正十五年，犹在元代所作。杂记见闻，亦颇赅博，明李时珍撰《本草纲目》，颇援据之。书中有篇对“世俗之兰”和“古之兰”进行了讨论。

[98]陈止斋 即南宋名臣陈傅良（1137—1203），字君举，号止斋，卒谥文节。浙江瑞安湗村（今瑞安塘下罗凤）人，著名政治家、思想家、教育家，是永嘉学派承上启下的学术巨擘。乾道八年中进士，官至宝谟阁待制、中书舍人兼集英殿修撰。著有《周礼说》《春秋后传》《左氏章指》《八面锋》等。【校勘】原书作“陈遡斋”，疑为作者误解《本草纲目》上下文人名。

[99]《盗兰说》 即《责盗兰说》，文载陈傅良《止斋文集》卷五十二，文中借以今兰“乃假兰之名”，嘲讽“人之盗儒”等社会现象。

[100]方虚谷 即方回，宋元间徽州歙县人，字万里。宋理宗景定三年进士，官知严州，以城降元，为建德路总管。寻罢归，遂肆意于诗。有《桐江集》《续古今考》，又选唐宋以来律诗，为《瀛奎律髓》。

[101]《订兰说》 《本草纲目》：“方虚谷《订兰说》言：古之兰草，即今之千金草，俗名孩儿菊者。今之所谓兰，其叶如茅而嫩者，根名土续断，因花馥郁，故得兰名也。”

[102]杨升庵 即明代博学家杨慎（1488—1559），字用修，四川新都人。正德六年状元及第，官翰林院修撰。嘉靖三年因大礼议受廷杖，谪戍云南永昌卫，直至终老。著作四百余种，后人辑为《升庵集》。工于书法，亦善写兰。《岭海兰言》：“杨用修《丹铅总录》谓：世人以如萱如蒲者为兰，九畹受诬（久矣）。”

[103] **吴草庐** 即元代理学家、经学家、教育家吴澄（1249—1333），字幼清，晚字伯清，抚州崇仁凤岗咸口（今江西乐安）人。宋末中试乡贡，宋亡后隐居著述，时称“草庐先生”。元武宗至大元年（1308），征召任国子监丞，后任翰林学士、经筵讲官，核定《老子》《庄子》《大玄经》《乐律》《八阵图》等。

[104] **《兰说》** 《本草纲目》：“吴草庐有《兰说》甚详，云兰为医经上品之药，有枝有茎，草之植者也。今所谓兰，无枝无茎，因黄山谷称之，世遂谬指为《离骚》之兰。”

[105] **寇宗奭**（shì） 宋代药物学家，曾任澧洲（湖南澧县）县吏，政和年间任医官并授通直郎（从六品），著有《本草衍义》二十卷，其中卷八有“兰草”篇。

[106] **朱丹溪** 即朱震亨（1281—1358），字彦修，元代著名医学家，创立“阳常有余，阴常不足”及“相火论”学说，被誉为金元四大家之一。婺州义乌（今浙江义乌）人，因故居有溪名丹溪，遂尊之为丹溪翁或丹溪先生。著有《格致余论》《局方发挥》《金匮钩玄》《素问纠略》《本草衍义补遗》等。

[107] **黄山谷** 即北宋著名文学家、书法家黄庭坚（1045—1105），字鲁直，号山谷道人，晚号涪翁，洪州分宁（今江西修水）人，江西诗派开山之祖。治平四年进士，以校书郎为《神宗实录》检讨官，迁著作佐郎。后遭贬谪，客死宜州（广西宜山）。文中下句出自其《书幽芳亭》。

[108] **其然** 犹言如此。《论语·宪问》：子曰：“其然，岂其然乎？”

[109] **《郑风》** 《诗经》十五国风之一，收录先秦时代郑地民间民歌，文中下句出自其《溱洧》一诗。

[110] **蕑**（jiān） 兰草。《本草纲目》：兰草、泽兰一类二种也。

[111] **兰泽多芳草** 出自一首汉代诗歌，作者不详，全诗如下：“涉江采芙蓉，兰泽多芳草。采之欲遗谁？所思在远道。还顾望旧乡，长路漫浩浩。同心而离居，忧伤以终老。”

[112] **泽兰** 唇形科药用植物，夏秋季采割茎叶，晒干成药。茎呈方柱形，

节处紫色；叶片多皱缩，展平后呈披针形或长圆形；花簇生叶腋成轮状。

[113] **伤彼……光辉** 出自一首唐代诗歌，作者不详，全诗如下：“冉冉孤生竹，结根泰山阿。与君为新婚，菟丝附女萝。菟丝生有时，夫妇会有宜。千里远结婚，悠悠隔山陂。思君令人老，轩车来何迟！伤彼蕙兰花，含英扬光辉。过时而不采，将随秋草萎。君亮执高节，贱妾亦何为！”

[114] **薰** 香草名，即“蕙草”，又名“零陵香”。

[115] **鲍明远** 即南朝宋人鲍照（约414—466，一说约415—470），辞赋大家。孝武帝时，为中书舍人，出为秣陵令，转永嘉令，后为临海王刘子项前军参军，掌书记。子项谋反兵败，为乱军所杀。

[116] **帘委……桃李风** 诗名《幽兰》，后句为：“揽带昔何道，坐令芳节终。”

[117] **梁武** 即梁武帝萧衍（464—549），字叔达，南兰陵郡武进县东城里（今江苏丹阳访仙）人，南北朝时期梁朝的建立者。萧衍博通文史，为“竟陵八友”之一，所作的千赋百诗，其中不乏名作。

[118] **羞将……鶗鴂鸣** 诗名《紫兰始萌诗》，全诗如下：“种兰玉台下，气暖兰始萌。芬芳与时发，婉转迎节生。独使金翠娇，偏动红绮情。二游何足坏，一顾非倾城。羞将苓芝侣，岂畏鶗鴂鸣。”鶗鴂（tí jué），即杜鹃鸟。

[119] **青松……底数寸** 白居易诗原句为“青松高百尺，绿蕙低数寸”。

[120] **旖旎**（yǐnǐ） 旌旗从风飘扬貌，引申为宛转柔顺貌。全诗后句为：“适意欲忘言，尘编讵能老。”

[121] **齐梁** 南北朝时期偏安于南方的两个王朝，俱定都建康（今南京）。齐朝（479—502）历七帝、时23年，梁朝（502—557）历四帝、时55年。

[122] **相蒙** 互相欺骗，互相隐瞒。文中意为说法不一。

[123] **专美** 独享美名。

[124] **鲁卫** 周朝的诸侯国鲁国和卫国，鲁国的势力范围为今山东鲁南、鲁中地区，卫国的辖地大致为现在的河南北部与河北南部一带。

[125] **《家语》** 《孔子家语》简称，原书二十七卷，今传本十卷四十四篇，由三国魏人王肃收集并撰写，是一部记录孔子及孔门弟子思想言行的

著作。下文全句为：“与善人居，如入芝兰之室，久而不闻其香，即与之化矣。”在《家语》中另载孔子所说“……芝兰生于深林，不以无人而不芳；君子修道立德，不谓穷困而改节……”，成为兰文化的核心思想。

[126] **兰旌桂旗** 用兰和桂装饰的旗帜。出自《楚辞》：“荪桡兮兰旌”“辛夷车兮结桂旗”。

[127] **荷衣芰裳** 荷叶与菱叶制作的服饰。出自《楚辞》：“制芰荷以为衣兮”。芰（jì）：菱角的古称。

[128] **骚人** 屈原作《离骚》，因称屈原或《楚辞》作者为骚人。后也泛指诗人。

[129] **兴** 古代诗歌创作的一种表现手法，以其他事物为发端，引起所要歌咏的内容。

[130] **哓哓**（xiāo） 争辩声。

[131] **置辨** 即置辩，申辩、反驳。

[132] **狮鼻** 古代面相术语，鼻梁短而平，鼻翼宽大，鼻头大而饱满，主富贵。文中借喻兰荪，即兰花的荚果。

[133] **安庆** 即今安庆市，国家级历史文化名城。位于安徽省西南部，长江下游北岸，皖河入江处，西接湖北，南邻江西，西北靠大别山主峰，东南倚黄山余脉。

[134] **徽** 徽州的简称，清时徽州一府六县，即歙县、黟县、休宁、祁门、绩溪、婺源，府治在现歙县徽城。

[135] **严** 严州的简称，清时严州府隶属浙江省金衢严道，西与安徽的徽州相依。府治建德，辖建德、寿昌、桐庐、分水、淳安、遂安六县。

[136] **吴中** 原江苏吴县一带，相当于今虎丘区、吴中区、相城区全境。亦泛指吴地。

[137] **宁绍台** 浙江宁波、绍兴、台州的简称。

[138] **与** 同“欤”，文言助词，表示疑问、感叹、反诘等语气。

[139] **道光乙未** 即道光十五年，公元1835年。

[140] **西津** 即西津渡，长江南岸古渡口之一，位于江苏省镇江市西边的

云台山麓。三国时称蒜山渡，唐代称金陵渡，宋代后才称西津渡。亦代称镇江。

[141] **退院** 禅院住持之隐退，或称退居。

[142] **囊琴** 囊中之琴（古琴）。

[143] **榜眼** 科举殿试考取一甲第二名者。

[144] **徐颋（？—1823）** 江苏省苏州府长洲县人，清朝嘉庆十年（1805）乙丑科榜眼，历任翰林院侍读学士、内阁学士、安徽学政等。治经学，为江声弟子，有《经进文》及诗文留世。

[145] **狮林** 可能为苏州狮林寺，位于江苏省苏州城东北。相传元至正二年天如禅师为纪念其师中峰禅师而建。苏州四大名园之一的狮子林，原是该寺的一部分。

[146] **巨室** 指富家，世家大族。

[147] **葺（qì）** 原指用茅草覆盖房子，后泛指修理房屋。

今译

当大地处于一片寒凉的时候，许多草木早已凋萎，只留下书带草、吉祥草、菖蒲及兰蕙等数种带状叶草本植物，尤为凸出的当数兰蕙，它们深居幽谷，不仅苍翠依然，而且在此时竟悄然放花吐香，具有庄重的仪容，高贵的气度。普天下百花里，没有谁能比得上兰蕙那样的清新美丽！这难道还不是“王者香”吗？

人们称牡丹为“王”，那是取其花容之美；而称兰蕙为“王”则是取其花蕴有清雅的芳香。既然牡丹称了“王”，那么芍药当该称“相”了，两者从形与色相比而言，固然是定位恰当，无需再作变动。而把兰花称为“王”，蕙花称为“相”，从两者的色与香来比较，想来它们相互间的排位也还是合适的。然而我认为芍药没有某一方面突出的优势可作为与牡丹竞争高低的资本，自感为“相”也是心悦诚服的了！至于蕙与兰相比，分明蕙显得是“德”不足而“才”有余，所以自己能成为“相”，也该是心甘情愿的了。但对于兰来说，心里总觉得深感不安，它认为自己与蕙不能以君与臣这样的上下级关系定位，应当以兄弟排行，彼此间可否称作兰兄蕙弟呢？清人李笠翁（李渔）也有这样的论说。

所谓百花，其实通通是花而已，惟蕙却是像人一样。因为百花在开始孕育花朵时就奠定了它们的形状，而蕙像人那样在整个生命孕育过程中具有变化的审慎和考究，先天曾承受过天地的灵气，至于有不同的愿望和志向，那是后来所变的，例如那些原本具有慧明和才智的人，反变成了笨拙无知的人；也有原先是愚昧浅陋的人，却变成为智慧出众的人。这都是属于后来品质变化的结果。从表面看，那些有智慧的贤人可能衣衫不整、仪表形象不佳，但他恰恰是有德行、有才能的人。而有些人到了中年反失去了节操，只能成为苟且偷生者。依据什么理由来判断和裁定的呢？只有懂得人会发生变异这个道理的人，才是具备能判别蕙有各种形态变化的人。”

“花品绝佳的香草兰蕙，犹如君子一样完美，被誉为国色天香，一向跟她们是难得相会；
踏遍深山，苦苦地去寻觅她们的踪迹！
料想花仙西子定然会同情我心中的苦寻执爱。”
当我还未把诗吟毕，有客人以抱怨的口气唱和：
“君不知去找工作以谋生，
心里只一味沉湎于艺蕙，
不是个痴子，
还会是个谁？”
我听完客人的话，又接着吟唱作答：
“天下太平的时候，香草才能玩得欢欣，
心态要淡然，不可有追名逐利的歪心。
假如先生没有感受过艺兰的无比乐趣，
怎么会懂得艺蕙人对蕙一片深深的痴情？”
癸酉年（清嘉庆十八年，1813年）立夏前一天，沉浸在对往事回忆中的我心里又生起新的冲动，于是写下七言绝句一首：
“回忆自己年少时，不懂得青春年华要贵过黄金，
二十年光阴一瞬间，如流水般任其离去，早已无踪无影；
而今突然感悟到自己的壮年时期又将逝去，
止不住心中生起盼望青春能够重归的迫切之情。”
接着又写了一首五言绝句，
“青春啊是何等短暂！眨眼间他将和我永远分手，
到这个时候，我才想起该如何设法能把他挽留，
往日里总是糊涂地认为人生有过不完的‘明日’，
没去想时光在许多‘明日’的积累中变成一个个年头。”
此刻自感有点倦意，就躺下来闭目养神一会，不觉作起梦来，梦境中，忽见有君子来访，转瞬间又见自家盆中有干放花的绿蕙突然被友人剪去……梦醒来，甚觉此梦奇怪，因此特用诗歌将它记录下来。
“回想起梦中所见那盆具有绝世娇美的绿蕙，

她生长在叠石盘旋的山野间，有淙淙的流泉作陪；

我心疼她被人给剪，竟是默默地含愁离去，

不知要等到何时，她能再复花？彼此间才能重新相会！”

这诗的题目称《赠梦中美人》。

让人意想不到的是在当年秋天里，她竟再孕新蕾，就在来年即甲戌年（1814）春三月三上巳日那天，放花一梗，花瓣肥厚翠绿，酷似昔日梦中所见那绿蕙模样，经一阵狂喜之后，我为她写下“七绝”一首。

“去秋得佳蕙的梦信，一直传续至今春，

等到了春天又盼望着开花的今天，

梦中的美人啊佳蕙，我们终于难得相会，

只可惜我这个痴花人，却已满头是白发一片。”

甲午年（1814）六月中旬，已是盛夏时节，此时竟还有蕙花开放，一番观察比较后，知其香味与瓯兰（春兰）和建兰无殊，并非是别的什么新种。只是因为这些植株偶然孕蕊时间过迟而已，因而开花时间也相应推迟到几乎与建兰同时放花，至于说到气味，蕙花本来就与建兰的香是一样的。

清嘉庆乙亥年（1815）九月中旬，见栽于地上的绿蕙开花一梗。又道光辛巳年（1821）九月二十日，见盆中开出绿蕙一梗，特别清雅芳香，与甲戌年六月中旬所开的花，气味都似建兰而且耐久，花期自九月二十日一直开至十月十日，仍能闻到香。怕过多消耗养料，影响来年长草发花，才依依不舍地将花梗剪落。

苏州枫江的程自山先生是我祖父的同心知友，家庭贫困，生活清寒，他与夫人生香女士一起在学塾里给孩子授课，以微薄收入维持生活。平日里两位老人能乐观面对人生，常常喜欢作诗，快乐地互相唱和。程先生作有：

月夜观素心兰　七绝

“一莛素心兰花，开在皎洁的月光下，

绿纱窗里透出它冰清玉洁的姿态绰约；

忽然回忆起那年早春一个残雪后的寒夜里，

美人曾踏着残雪，把一枝清香的梅花折赠给我。”

梅兰携手，相濡以沫。在普通百姓中，能写出如此意境优美的诗歌者，实在难得一见！

我家有许多残缺不全的书籍，另外放置在一个书架上，其中有一本《西塘酬唱集》的诗作残册，内有沈归愚、王西庄、曹渔庵、虞东皋、程自山和伯祖父方萼亭等数十人的诗作，集内独不见我祖父的诗，或许那时他老人家恰好在郡所里忙于公务。或者是编辑该书时祖父正去了京城，没有机会与大家见面相商，由此被编选人给遗忘了？《西塘酬唱集》里收集有赞美雪蕙（素心蕙花）的诗歌，今选录数首，并摘录部分佳句跟大家共赏。

沈归愚　七律诗

你拥有了理想的佳蕙，哪里还需用百亩地去栽培！

仅仅凭一枝芳香的素蕙，已经足够把人给陶醉；

善人交往，入室如闻，志趣投合，能结成“同臭”，

无意去阻挡别人的路！但愿自己也可以免遭侵袭。

把洁白如雪的兰纫成花环，给高尚脱俗者去作为佩，

微风中兰叶拂动，好像是君子把琴弦弹拨；

素心花与君子两情相悦，是何等的情投意合，

同心人彼此默契，何须再说得滔滔不绝？

蔡松漪　七律诗

和你结交成同心的朋友，心地如溪水般清澈洁净，

畅施春风，润泽时雨，是我们言行的共同准绳；

月光如水沉浸园庭，我三省吾身，头脑一片清新，

阵阵晚风中，一个“忘言”的人在静思，今夜无眠。

关起自家大门，并不是想和兰花作隐约不清的幽梦，

是怕有人说“当了门”，宁愿禁闭自己，尽少出门走动；

有无数的往事牵念心腑，多想到湖南能向您尽情地倾诉！

无奈苇花如雪漫天飞舞，寻访您湘沅高人之路遥远迷濛！

伯祖父方萼葶　七绝

玉树湘叶的姿色，宛若德高望重的君子受人尊敬，

皓月当空驱逐寅夜的黑暗，大地明丽，洁白如银，

瑶琴叮咚，奏出对“树蕙百亩”的赞美之声，

心地清净的人倚偎着水心屏，与素心兰俱化作“同心”。

顾花桥　五言绝句

心怀一身的高洁，与深山岩穴依依惜别，

深知自己是因为怀抱清香，才被人百计千方地采撷；

境遇虽被改变，一颗涓洁之心却是永远不会泯灭，

君子和香草素洁高远的情怀，永远是相投相合！

吴南琴　咏兰蕙诗句

品性高洁、追求光明，本就是您君子的德行，

理想清幽、守贞不变，自然是您素花的品性。

沈井南　咏素蕙诗句

拣觅栽培蕙花时，本就知道佳品异花该是何等的珍贵稀奇，

培养的人才群里，要挑拣出德才兼备优秀者尤其是道难题。

孙葭游　五律后半阙

清净寡欲的生活中，初步明确了自己该具有的志向，

湖南千里山水间，古来就有爱国忠魂的榜样；

采得兰蕙的花，结扎成花环作为佩饰去纪念先贤，

秋水啊！请带去我心中对屈原大夫的一片深情和怀想。

《西塘酬唱集》里，尚有相当多的余作，都可以朗诵和吟唱。

暮春三月间，正是蕙花盛放的时节，采兰的人相继进山去采觅佳蕙，当遇到异花时，把它们种植在自家园里，经数年栽培，植株发多，起了花苞时再行分株，把它们运送到江苏的苏州、无锡、南京等一带地方，以高价出售，获取钱财。

不知有多少佳蕙，它们并不为人所知，自然生长于山间，不断遭樵夫所砍伐，无辜被牧童所践踏，糟蹋致死的不知道有多少！当它们被人采觅下山来到人间以后，生活之路仍坎坷难行，其中被折腾致死的又不知道有多少！最后能够幸运被留下来现身于人世间，被人们所珍重，所欣赏，所羡慕的只是一丁点儿了，蕙竟有如此坎坷的经历，选人何尝不是这样的呢？

回忆自己年轻时莳蕙，总是眼光过高，心气过热，一味想得到称心如意的顶级上品之花，甚至对那些中档点的品种都不愿意要。可是过些年之后，梦想始终难以实现，满心的希望变成了绝望，只好面对现实，把一些比较好的文瓣与柳叶瓣花也包容收纳，它们虽然不够完美，但总归也是可以看看，自然也会对这种档次的蕙花以莫大的关爱。虽非顶级，但总归有相当的艺术价值，自然也会对这种档次的蕙花以莫大的珍爱。

每年春上，各地的兰客会把带有花苞的蕙兰苗株装到一个个竹篓里，摇着船运到各地去出售。兰人们会纷纷前去选购，他们各自常买上两三篓，带回家去细心挑拣，手脚被弄脏了、腰腿酸痛得如被折断，偶然间能得到有点可以看看的花苞，立刻就会沾沾自喜，各自夸赞自己所拣之花有如何如何之好，引得别人心里羡慕不已，颇像参加科举考试求取功名的学子，在未放榜前谁都说自己有望高中那样。等到开花一看，竟是一无可取，立刻就变得灰心丧气。间或也有人的确从篓中挑出了佳花，却因珍爱过头，栽培处理不当，或因爱花人来观看时随意动手，摇动或用手指触摸植株，致使苗株不能生发，心中惆怅之情，久久不能抛却，真让人觉得非常可笑。

有“正”的就会有“奇”的，这是天地阴阳、宇宙万物对立统一的自然道理，没有不是这样的事，没有不是这样的物，对于兰蕙花品之变，更是特别这样。人们寻常所见的普通蕙花，如果它的捧心形质（雄性化）没有变异的，则称为“正花”，（江浙兰人俗称为“行花”，音háng huā）；如果花的捧心有形质变异的，则称为“奇花”，（江浙兰人俗称为

“巧花”)。由此类推情兰，金兰为典型的“正而奇”花。由观音兜捧，刘海舌等，都以形似某物作比 ，属“奇而正”类的花，像勺瓣、梅瓣、荷瓣、水仙瓣，是捧舌都有变，合称为“超特花”。这当然应属“正中之正”类。至于如蝶形、蜂形及鸡豆壳捧、蚕蛾捧，它们的捧舌都有不同的区别，几乎不像兰花，这又是“奇中之奇”花了。“正花”固然可贵，“奇花”却又可喜，它们殊途同归，相互充实，是多么美好的结果！

兰蕙是花中最富有高雅情趣的艺术品，如果把它们以高人作比，那他们就是严子陵、陶渊明那样德才完美、谨守贞操的君子之辈。兰蕙是花中超凡脱俗的尚品，如果把它们以美人形象来作比，那必定是九嶷山上的杜兰香、萼绿华等众仙子。

兰蕙犹如身上能发香的汉朝尚书令荀彧那样，他所到之处便觉香气浓郁扑鼻，久而不散。兰蕙又如有玉人之称的晋名士卫玠，他所到之处，总会有千百众人慕名来观赏他的秀美的形象，简直有被看杀的忧患。

兰蕙是能使人玩得快乐的花，不同于其他的花，即使只有一捧青苔抱着数枝绿色株叶，也可以常常跟它相伴相依，真的能够让人忘忧！不像有“忘忧草”之称的萱草那样只是徒有虚名。

蕙花蕊头从大苞的包壳出来，完成从小排铃到大排铃这个发育过程，需时约半个月至二十天。又从完成排铃到转柁这个过程，约需时一周至十天。再从转柁至开花，时日还需三至五天。然后由初开一朵到整梗开齐，时日再需经一至二天或五天，也有只一天的。

《本草纲目》记载：“兰草又名蕳，即泽兰、佩兰，俗名又叫都梁香、千斤草、省头草、孩儿菊，它的植株枝叶是分岔的。并不是今人所称的兰。薰草又名‘蕙’草，也就是‘零陵香’，它们与兰草共同生在近水边的湿地，也不是今人所指的蕙”。历来有许多名人学者，他们曾都引用过宋大学者朱熹的《离骚辨证》和明人熊太古的《冀越集》，还有宋人陈止斋的《盗兰说》，方虚谷的的《订兰说》，以及明人杨升庵、吴草庐的《兰说》。用来驳正元人寇宗奭和朱丹溪在《本草衍义》中所述前人是“溺于流俗，反疑旧说为非，医经为实用计，岂可误哉？”之说法意图纠正寇、朱二人误把兰花为兰草的歧见。又批评宋人黄山谷所说“一干一花为兰，一干数花为蕙”的话是因为黄山谷“没有真识兰草和蕙草，于是只好对兰与蕙作出这样生硬的区别”。然而今天的这种兰蕙，古人真的没有称名吗？存在这样的花，却没有给它取个名的古人，事实真的是这样吗？

《郑风·溱洧》有“上巳日，士与女方秉蕑兮”（男和女手执蕑以祓除不详）的记载。《古诗》有“兰泽多芳草”（水边湿地多有兰生长）的记载。看来这蕑和那泽中所长的芳草，所指确实似为泽兰，但像“伤彼蕙兰花，含英扬光辉”（哀思这蕙兰花，能显耀出超群的光彩。）明显所指不是泽兰了！蕑和薰的花，形状细小，它们有什么光彩可以显扬的呢？

宋代南朝人鲍明远（鲍照）的诗：

“捲起竹簾，喜见兰蕙尽露笑颜，

拉开帐幕，尽显贤士节操风度。”

梁武帝的诗句：

“能与仙草灵芝结交朋友，羞有几分自叹不如，

直面鶗鴂反舌如簧，自有足够勇气应对自如。”

白香山（居易）诗句：

“仰望青松耸天几丈之高，俯视绿蕙抱根数寸之低。

这些诗句所歌颂的兰或蕙，都不会是省头草吧！”

朱子（朱熹）的咏蕙诗说：

“无名今花得古名，

株叶青柔香尤胜。”

可见古人和今人所咏兰花，确实不是同物！但大约在齐梁（479—557年）之后的那些人所吟咏的兰蕙，都不再是古时所称的兰蕙。为什么齐梁前后会对兰的概念有如此大的差异，以致到了迷茫不清的地步呢？

我曾著文述说古兰蕙枝叶虽有香，但花形小而不艳，分明显得其观

赏性不够格。而今人所莳的兰蕙不但叶株婀娜，而且其花尤为芳香。古兰蕙虽可以入药，但并非是一味不可缺少的重头药。今人所莳之兰蕙形美、香美，是真正能让人忘忧的稀罕宝物，也可以入药。我们应当厚今薄古，多宣扬，多扶持，共同来多多地赞美今天的兰蕙。

孔子赞美兰的琴曲《猗兰操》所描述的兰，人们早存有质疑，鲁（山东）卫（河南）一带山上，古时怎么会有兰蕙生长，而现今就没有了呢？恐怕孔子所见景象并不一定是在鲁卫之间那段路上所发生的吧！但既然肯定所见是“王者之香”的兰，而且是生长在深山空谷里，那就可以断然肯定，不是泽兰（因泽兰生于湿地）。

孔子在《家语》里说，“……芝兰之室，久而不闻其香。”泽兰枝叶不经人手揉搓，是不能闻到它香味的，爱兰人取它什么优点，会把泽兰栽培在室中？所以古人栽在室中之兰蕙无疑就是今天能闻到花香的兰蕙。而且可以肯定地说：古人所称的兰必定就是今兰，如果说它是兰草，怎么可以佩挂呢？古书上“兰旌桂旗”（用兰花和桂花制作成旌旗），“荷衣芰裳”（用荷叶和菱叶制作成衣裤），这只是诗人作诗采用“比兴”的一种修辞手法而已，都不具备做旌旗、制衣裤的牢固质地，不知诗人何以非得把不是的这些东西用来比兴。

泽兰又名“省头草”（妇女可用来洗头，使发上留香），至今苏南一带的妇女仍有把它插在发间、佩挂在胸前的习惯，是否因为它有香就可以称它为“兰”了呢？今天的苏南人又称省头草（泽兰）为“佩兰”，这完全是承袭古人错误的说法，并非是二物因香气相似的关系。又有方虚谷认为现今所称的兰之根名叫“土续断”，是因为它的花非常郁香才被称为兰的。如果真像他所说那样，那么古人必定不看重兰，令他们重视的当是“土续断”了！

《本草纲目》所载作药用的兰草，的确是泽兰，这是不可变更的事实。而今人所称的兰，它的根与叶，丝毫没有香气，也不是药物，它的花味带酸涩。因怕人当药误用，故该书中特引录数人各自所提出的见地，以提醒读者注意。然而世间形形色色物类众多，常存有同名二物的情况，哪里只有兰才是这样地被人们唠唠叨叨议论个不休的。

蕙花开放的后期，可见到花的蕊柱形状变得像狮鼻，这就说明它是授粉结子了。随即可见花梗顶端三棱渐渐发育变粗如大拇指，当年天气入冬时，种子（兰荪）成熟，外壳开裂，种子色白而形细小如苍蝇子轻而瘪，好像是空壳而无子实那样。我曾将它们播种，却一直未见它们发芽出土过。

安徽的安庆，徽岩一带山间所生长的蕙，从来未见有佳蕙出山，我曾多次往山里寻觅，始终未能相遇过。每年到了春天，当地那些山里人及樵夫，拥到山间挖取成箩成筐带花苞的蕙株，篓装后运往城里出售，因花挡次不高，价格很是便宜。吴中（苏州城中）的山货行有篓装原货出售，兰人买去，有时能碰上好运，可以从篓中拣挑出一些佳品来，这些篓装品多来自宁波、绍兴、台州一带，因那些地方已渐近福建，所以多有佳种获得。

清道光乙未十五年（1835）春时，我曾到江苏镇江西津古渡跟旭村兄同游文思庵，室内摆设精致，环境清幽，据说是蕙花翠峰梅主人翠峰和尚辞去住持退居之地。和尚擅长诗画，喜兰蕙，庵内莳有名种蕙三十多盆，其中有最为上品的名种‘翠禅梅’。一天夜晚，窃贼翻墙进入庵内，将盆中所植尽盗一空。从此和尚惆怅气恼致病，于清道光十年（1830）谢世。只有他生前弹奏过的古琴，仍孤独静默地挂在墙上。和尚的胞弟姓名徐颋，参加过科举殿试，曾高中榜眼。翠峰和尚自小就在狮林寺出家修行，姑苏城中的名门大户出资修建此庵，供养翠峰和尚作为养性之所，圆寂时已有七十多岁。

蕙缘

“建兰谱”所载名色[1]，至今可按籍[2]而求，以其惟此数种，不变不动，无所奇特，如黍稷[3]然。蕙花变怪百出，不由种类，惟柳瓣是其齐民[4]，至梅荷及一切巧花，非一本分开，绝未有相同者，亦异事也。前年有此种，今年或无之；今年无此种，明年亦可忽有。遇爱之者，珍重分植之，可得绵绵数十年。苟一旦枯死，则为广陵散[5]矣。

今以予所见之种类，述于左[6]。而予所未见者，不知凡几也。为美人写影[7]，可留数十百年；为美人作传，可留数千百年。予虽非传人，且作是想耳。

【关顶】出浒关[8]沈氏，花品绝顶，故名。大梅瓣，兜收圆厚，阔至六分，长一寸，而瓣头含抱，视之若七八分。刘海舌，观音兜捧心。一枝八九朵，花皆正向，疏萼昂簪，品格上上。惟色稍黑为逊，然瓣极肥厚光泽。初出时每一莳叶[9]，制钱一百廿千。喜肥易养，近今已六十余年，种渐多，价渐落，三十二十千亦得一莳叶矣。

【一品荷花】未见也，出苏城[10]周氏，大绿巧花。每叶一蓻，价一百六十千。

【金兰】亦周氏有之，文柳，色黄如佛面旧金。

【沈白】出苏城沈氏，花极大，阔四分，长一寸三四分，平肩，大白舌，花十余萼，梗高一尺七八寸，叶长大。

【王明扬素】尖统瓣，微有斗，可充[11]勺。

【朱素】圆头，文柳，不甚可观。

【计素】细长叶，花不过七八朵，尖统瓣。

【蒋超】赤壳探绿，官种超瓣，兜收厚，短捧心，油盏舌[12]，品色俱佳。

【翠禅梅】未见也，僧翠峰得之。官种绿梅，价每蓻叶一百廿千。

【方团】吾所得绿花，极大，阔六分，长一寸二三分，圆头细根，短阔捧心，大舌。见者无不惊心动魄，惟肩略弹，因阔甚，故不觉。

癸酉三月见梅萼一枝，润叶，赤壳，木脚，萼甚绿，形如杏仁，有细尖如蜈蚣钳[13]，云开时钳脱微凹，惜未见其开。

又巧花萼一枝，壁虱形，细青花壳探绿头，背脊有白筋亘起[14]，未知何瓣。

又梅瓣一枝，细青花壳探绿头，出壳才一萼如椒，即如开足，因捧心是硬鸡豆壳，外瓣圆短，不能含抱，实则萼也。

又关顾一盆，赤壳探绿，小勺瓣，琵琶捧心。

又赵氏巧花一盆，文瓣[15]，僧鞋菊捧心，雀舌。

乙亥三月，见阔瓣一盆，萼黑而方头，开出黄色，甚鲜明，阔几[16]四分，长七八分，含抱平肩，阔之善者。

又梅瓣花一枝，五瓣皆肥厚圆短，色白，收根极细。惜瓣根硬，不能开展，花已残，犹似将放瓣，虽佳无取。

又梅瓣一枝，大青花壳探绿头，笋时圆短，口开而头空，萼绿净，硬白捧心，油盏舌，颇似雪椒[17]。又上平下窄，横阔竖短，如人之拳。数日后瓣卷如绳，鼻[18]与捧心又不分，且鼻仰舌垂，形殊丑恶。不意[19]上等萼，乃开出如此不入品之花。正如大家[20]子弟[21]，小时颇露头角[22]，渐长竟成邪辟[23]秽滥[24]之流，甚可惜也。

又巧萼一枝，细青花探绿，露硬捧心于凤眼[25]，外瓣包搭，未审何瓣。

又萧山[26]梅萼一盆，赤壳长梗，小衣壳长寸许，萼才三二分，方厚微紫。

又巧萼一枝，形如菡萏[27]，色紫梗细。

戊寅[28]三月，见阔勺[29]一盆，赤探绿，官种大超，与吾家团瓣相亚[30]。

又五飞一盆，江城[31]横街叶氏有之，青花壳，萼如蝉抱枝，有墨点如蝉目，开放净黄色甚明，五瓣边皆屈曲，瓣端向外如飞舞之状，惜花小梗短为歉[32]。

又梅瓣巧花一盆，形色绝似关顶而差[33]小，捧心而有白边。

又油绿巧花一盆，梅瓣阔舌，软捧心扁阔如蟹螯，两瓣平单状，甚奇。惜色太暗，不足玩。

又文素两盆。

辛巳三月，见小梅瓣二盆，俱赤壳墨萼。

又绿勺一盆，细梗屈曲，花略小而含抱，净舌，风雅宜人。

又王明扬素一盆。

又墨萼荷瓣一盆，短阔平腹，花胸如袜底式，其边瓣甚阔。

又水仙瓣一盆，赤探绿，官种水仙，似梅，瓣绿勺赤，超文瓣，绿巧花，油灰头捧心搭舌。

又绿沙素一盆，舌绿于瓣。

壬午[34]三月，见绿头大鸡嘴一枝，笋口迸开，中露萼一簇如千年蒀[35]蕊，圆短净厚，萼头三角耸起如谏果[36]头上棱，瓣兜之深可知，若开官种梅荷，当无与比。叶只一蓊，甚长大，欲二百，不可得也。吟一绝，曰："竟有天人似画图，意中摩揣眼中过。分明八手惊尤物[37]，乃少珍珠一斛何。"

癸未[38]三月，见小梅瓣一盆，赤壳紫柄，瓣短约六七分，头阔三四分，油灰头小捧心与鼻齐，小油盏舌，花背紫，花光绿，梗细。

又巧花两盆，统瓣，微瓦，捧心倍阔于瓣，满布红点似舌，开张如飞。

又野放素一盆，同里[39]徐氏种得，花大瓣阔，一枝十朵，梗颇高，观音兜捧心，巧花，赤壳统瓣，舌平而光。

又荷花，草露[40]，用烧酒浸一朵，短荷花瓣，圆捧心，尽善尽美。

又旧见草兰，和尚青者，大荷花瓣，素舌，甚贵重。

乙酉[41]二月下浣[42]，遇巧花一船十余种，宁波贩花者以利为利，非购主不得详视，竟不知是何等萼。见绿荷花一盆，花大色娇，而兜不深，然已足珍。

丁亥[43]三月，见巧花一箏，色甚白，露三四萼，齐头迸出，腹圆大，未定何等捧心大瓣。

戊子[44]三月，城隍庙西房道士，买关顶一盆，两颗叶价廿洋[45]，系分出之弱箏，花小瓣窄，实非真也。

又淡绿舌一盆，两颗叶十洋，亦不佳。

己丑[46]春，连荒之后，薪米[47]不继，闻花船到，心怦怦欲买而不能，因吟一绝，云：“岁荒不办[48]买花钱，闻道山人已泊船。惟有闭门深谢客，那能相见不情牵。”

庚寅[49]以后，旅食[50]皖中[51]，每岁春时，或在家或在外，花情顿废，尘虑[52]交侵[53]，不堪[54]言念[55]矣。

注释

[1] **名色** 名目，名称。

[2] **按籍** 按照簿籍或典籍。【校勘】原书作“按藉”。

[3] **黍稷**（shǔjì） 为古代主要农作物。亦泛指五谷。黍：黄米，比小米稍大。稷：古代一种粮食作物，一般认为是小米。《本草纲目》：“黏者为黍，不黏者为稷。”

[4] **齐民** 即平民，文中指常见形态。

[5] **广陵散** 古琴曲名，又名《广陵止息》。三国魏嵇康善弹此曲，秘不授人。后遭谗被害，临刑索琴弹之，曰：“《广陵散》于今绝矣！”后亦称事无后继、已成绝响者为“广陵散”。

[6] **左**　左边。古书文字竖排，从右到左，左边相当于现代书籍的下边。

[7] **写影**　画像，作画。

[8] **浒关**　地名，即江苏浒墅关，位于苏州市西北，太湖的东北，与陆墓相邻。《兰言述略》："关顶梅，……乾隆时出浒关万和酒肆中，一名万和。"

[9] **一蔀叶**　犹今言一苗草。

[10] **苏城**　苏州的别称。

[11] **充**　假冒，冒充。

[12] **油盏舌**　即前文所述"灯盏舌""硬舌如勺，圆大而短"，又名"勺舌"。

[13] **蜈蚣钳**　蜈蚣头部的一对毒钩，又称腭牙。蕙花排铃时，蕊头两片边瓣合拢成钳状，端部出现细尖钩刺，与蜈蚣钳相像。

[14] **亘起**　不间断地延伸。

[15] **文瓣**　指花瓣稍有弯曲不平。

[16] **几**　将近，差一点。

[17] **雪椒**　原产新疆天山脚下的一种辣椒，果实方灯笼形，果面有四条棱沟，又名"四平头"，青果浅绿色，老熟果鲜红色，单果重约100克，辣味适中。

[18] **鼻**　即蕊柱，是兰花雄性器官（雄蕊）和雌性器官（雌蕊）合生在一起而呈柱状的繁殖器官，又称合蕊柱、鼻蕊，是兰科植物有别于其他植物的主要特征。位于蕊柱顶部的花药，就是兰花的雄蕊，含有花粉团；托起花药的蕊柱，就是兰花的雌蕊。《兰蕙同心录》："两捧中藏香者谓鼻"。

[19] **不意**　不料，意想不到。

[20] **大家**　犹巨室，古指卿大夫之家。

[21] **子弟**　泛指年轻的后辈。

[22] **露头角**　比喻初显才能，为世所知。

[23] **邪辟**　乖谬不正，品行不端。亦作"邪僻"。

[24] **秽滥**　犹粗滥，不精细。

[25] **露硬捧心于凤眼** 透过凤眼可以看到里面的硬捧心。【校勘】原书作“露梗捧心”。

[26] **萧山** 即今浙江省杭州市萧山区，位于浙江北部、杭州湾南岸。清朝时称萧山县，属绍兴府。

[27] **菡萏**（hàndàn） 古人称未开的荷花为菡萏，即荷花的花苞。

[28] **戊寅** 即嘉庆二十三年，公元1818年。

[29] **阔勺** 瓣形阔大的勺瓣蕙花。

[30] **相亚** 相近似，相当。

[31] **江城** 芜湖的别称，清时属安徽省太平府。现为安徽省地级市，位于安徽省东南部，地处长江下游。

[32] **歉** 不足。

[33] **差** 略微，比较。

[34] **壬午** 即道光二年，公元1822年。

[35] **千年蒀**（yūn） 即万年青，天门冬科多年生植物，初夏开花，其花蕊团簇成块，犹如一穗嫩黄色的玉米。冬夏绿叶常青，冬天红果累累，在中国有着悠久的栽培历史，历代作为富有、吉祥、太平、长寿的象征。蒀：同“蒕”，音讹为运，故又名千年运。

[36] **谏果** 橄榄的别称，其果肉可食，味微酸涩，食后生津回甘，古人因起味犹如忠言逆耳，故称之“谏果”。其果实蒂部呈三捻状，特别是广东产的“三棱橄榄”，与蕙花大平切蕊头相像。

[37] **尤物** 珍奇之物。

[38] **癸未** 即道光三年，公元1823年。

[39] **同里** 可能为同里镇，今属江苏省苏州市吴江区。

[40] **露** 破败。

[41] **乙酉** 即道光五年，公元1825年。

[42] **下浣**（huàn） 亦作“下澣”，指为官逢下旬的休息日，亦指农历每月的下旬。明杨慎《丹铅总录·时序》：“俗以上澣、中澣、下澣为上旬、中旬、下旬，盖本唐制十日一休沐。”

[43] **丁亥**　即道光七年，公元1827年。

[44] **戊子**　即道光八年，公元1828年。

[45] **洋**　即洋钱，清代对外国流入的银铸币，又称番钱、番饼。

[46] **己丑**　即道光九年，公元1829年。【校勘】原书作“乙丑”。

[47] **薪米**　柴和米，泛指日常最必需的生活资料。

[48] **不办**　犹言不能。

[49] **庚寅**　即道光十年，公元1830年。

[50] **旅食**　客居，寄食。

[51] **皖中**　安徽省长江以北淮河以南地区，大致包括合肥、六安、滁州、安庆等地。

[52] **尘虑**　指对人世间的人和事的思虑，即俗念。

[53] **交侵**　迭相侵犯。

[54] **不堪**　不可，不能。

[55] **言念**　想念。言：助词。

赵时庚编撰的《金漳兰谱》和后人王贵学的《建兰谱》内所收集的品种称名和特征，至今仍能根据书谱所记录，对这些品种按图索骥，不变不动，就像种谷子那样，无所新奇可言。

而蕙花花品的变异，常常是让人意想不到的多，真所谓“变怪百出”。除了柳叶瓣一类好似普通老百姓那样淡然之外，其他像梅瓣，荷瓣以及一切有型的“瓣子花”，如果不是同株所分出，是绝对不会有相同品种的。但蕙花也有稀奇古怪的事发生，譬如某个品种前年花开得极其完美，今年却变差了。或是今年开品不太好的某个品种，明年开品却忽然变得极佳了。遇到有喜欢它们的人，视若珍宝，分植数苗加以培养，能传宗接代，绵绵繁殖数十年。但假如一旦疏忽管理而萎去，那么它的生命也就由此结束了。

在这里，我把自己所见所植过的蕙花品种，一一地作叙述于下，仅是一管之见，我所未见的不知有多少！为美人（君子）画像，可以流芳数百年，给香草（兰蕙）写谱，可以永续数千年！我虽不具有为兰蕙作谱的高水平，但我却有愿它能长期传续的冀盼！。

（本节《蕙缘》品种介绍部分，因内容较为通俗，且加有图样可参阅，故今译从略）。

农历己丑年（1829）春，中国南北多地接连发生严重灾荒，打工的薪资收入，顶不上米价疯涨。突然听到河边来了卖兰船的消息，立即怦然心动，可拍拍衣袋却是空空，想买不能，在此吟诗一绝以记当时心境。

灾荒年景只求温饱，哪里还能有买兰的钱款？

听得兰船已靠岸，“卖兰！卖兰……”直叫唤；

我只好关起大门拒绝友人，免得心中起“骚乱”，

啊，门可闭，“瘾”仍牵！想见之情咋能断？

到了庚寅年（1830）以后，我长期在安徽谋生，每年春时，不论在家在外，也只得痛下决心，断然丢弃往日深爱兰蕙的情结。面对接连不断的天灾与人祸，挣扎在饥饿线上的苦难人，哪里还敢再提起对兰蕙的念想呢！

(一)
關頂

(二)
一品荷卷

（三）
金蘭

（四）
沈白

（五）
王明揚素
（之一）

（六）朱素

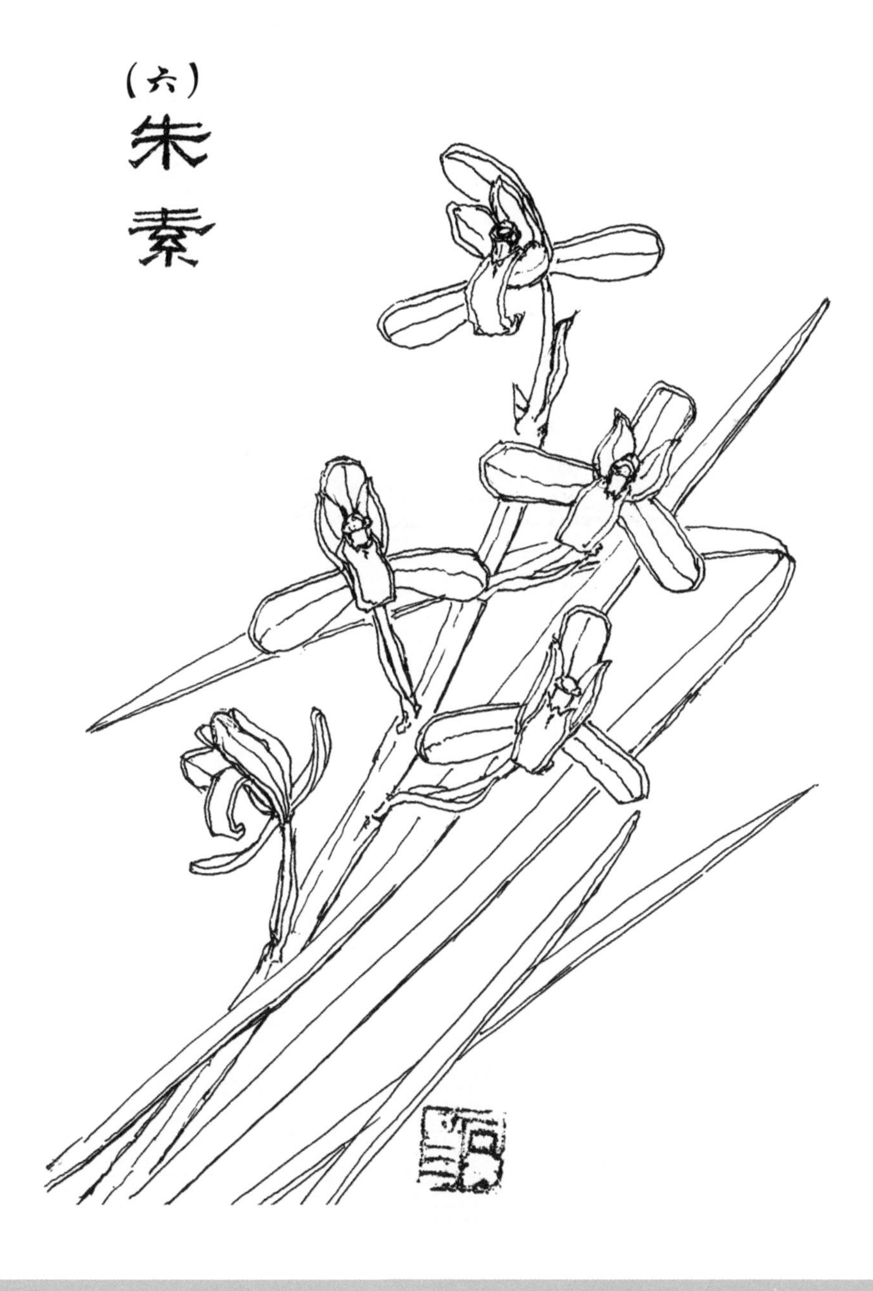

（七）
許素

（八）
蔣超

（九）
翠禪梅

(十)
方团

（十一）
濶葉梅瓣

(十二)
壁虱形細壽卷殼

（十三）
椒形細青花殼

（十四）
關顧

（十五）
趙氏文巧

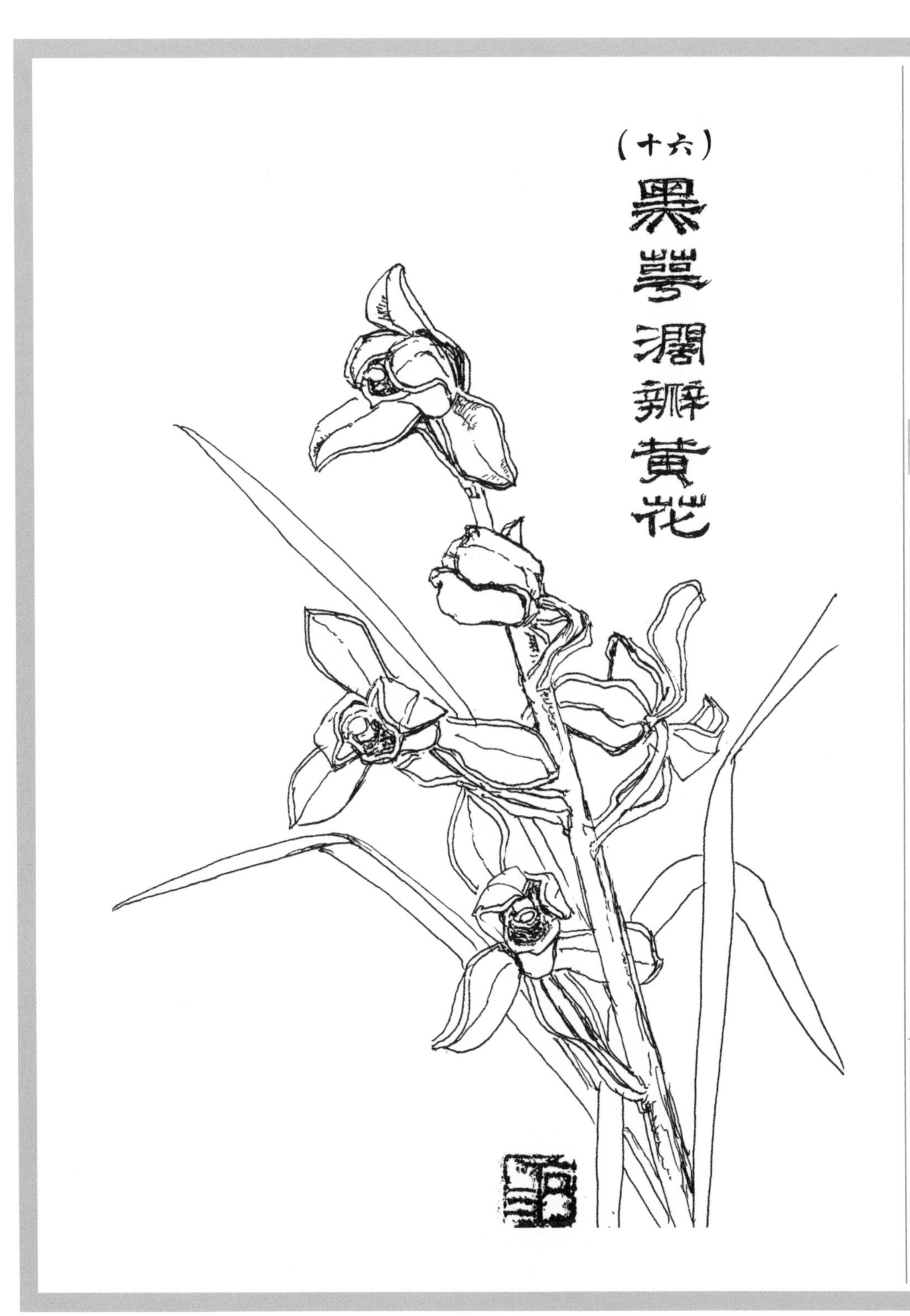
（十六）
黑萼潤瓣黄花

（十七）
硬根梅瓣

（十八）拳頭梅
（之一）

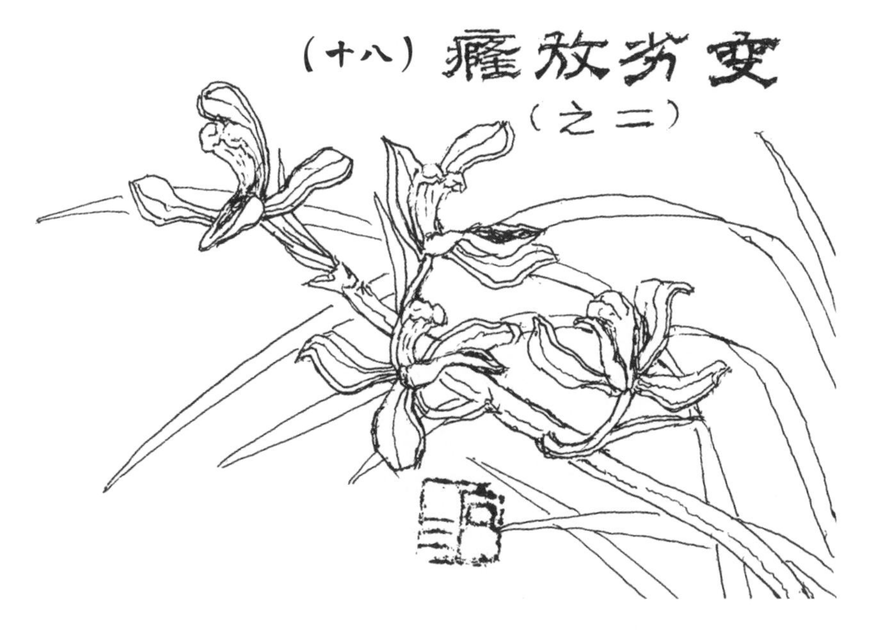
（十八）癃放芳变
（之二）

（十九）
鳳眼外瓣包搭

（二十）
蕭山長梗梅

（二十一）
紫荷

（二十二）
赤轉綠大荷

（二十三）
黄花五飛

（二十四）
亞関梅

（二十五）
蟹鉗梅

（二十六）
文素
（之一）
（二十六）
文素
（之二）

（二十七）
墨梅

（二十八）
細梗荷素

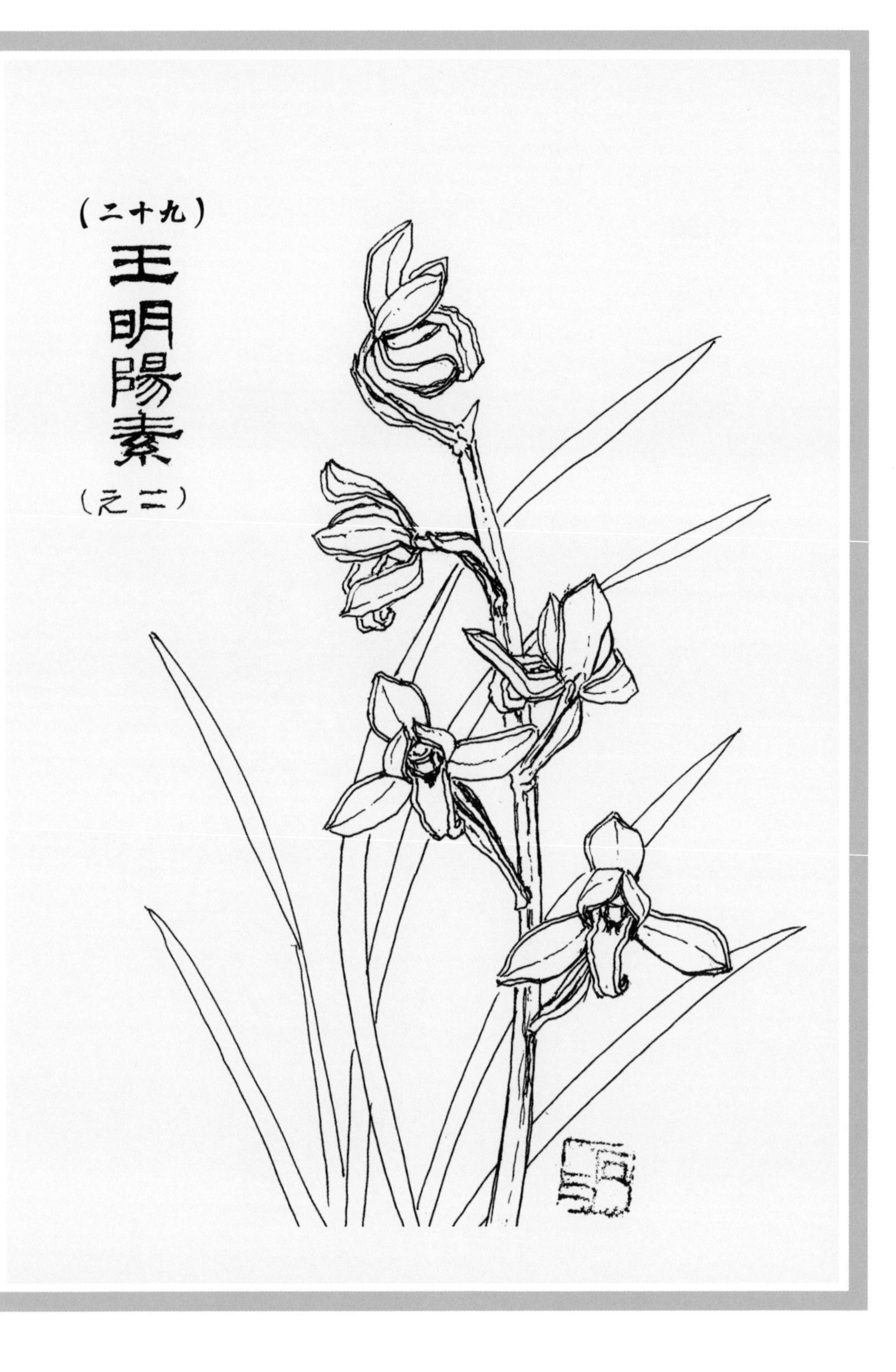
（二十九）
王明陽素
（之二）

（三十）墨荷

（三十一）

官種水仙

（三十二）綠沙素

(三十三)
蕙蕊

（三十四）赤殼小梅

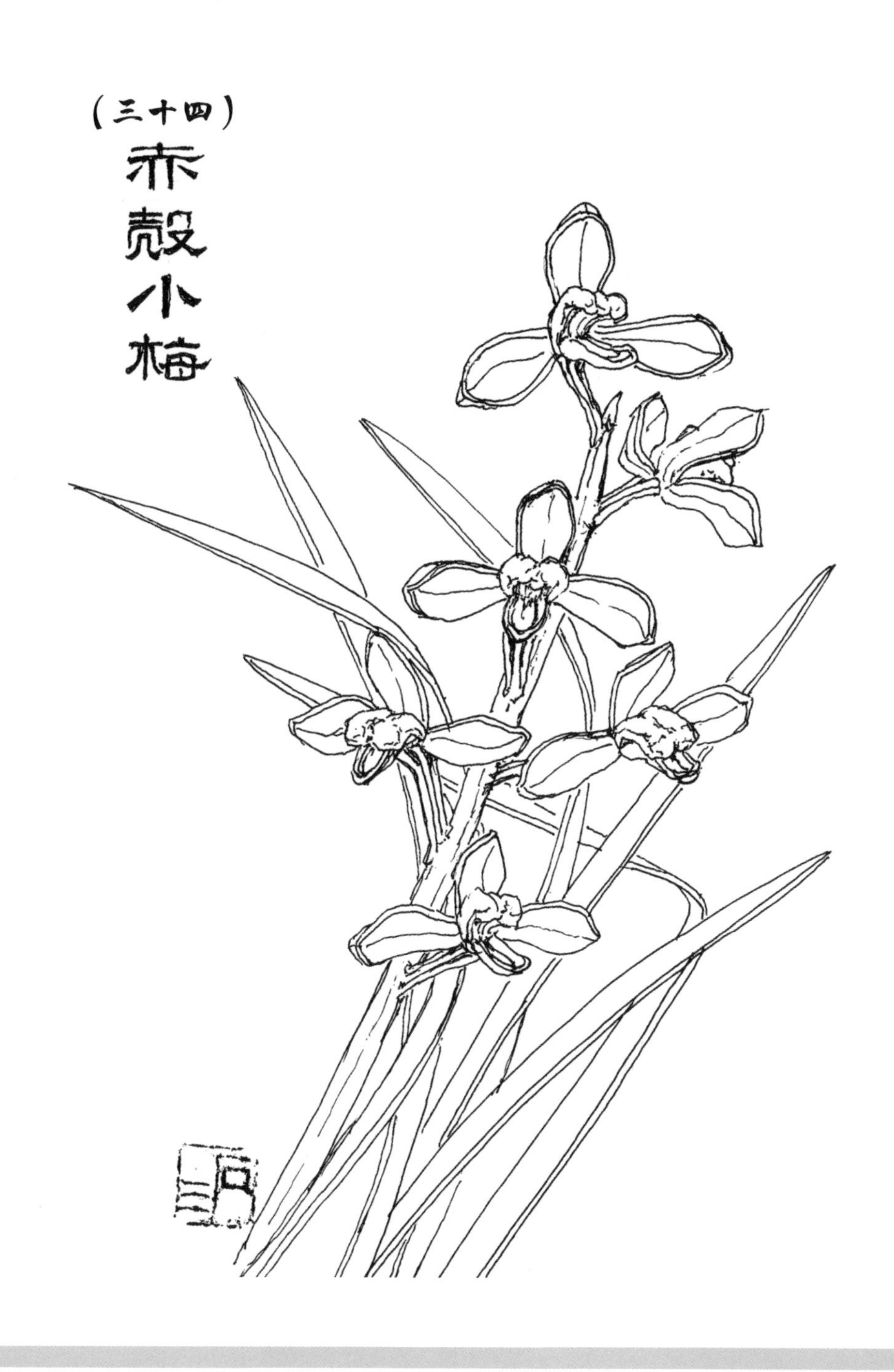

（三十五）
蕊蝶

（三十六）野放素

（三十七）

荷花草露

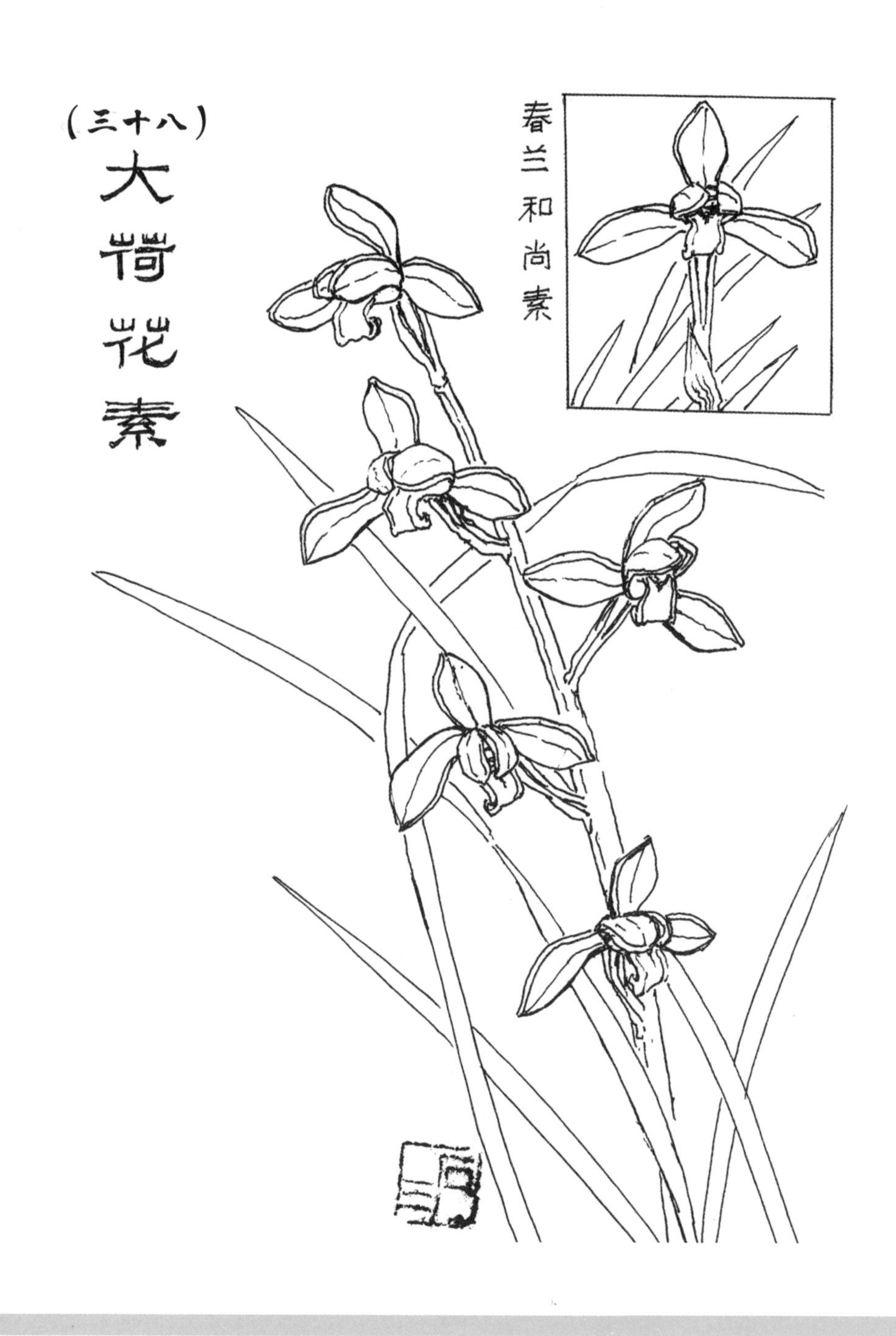
（三十八）
大荷花素
春兰和尚素

(三十九)
淺兜綠背

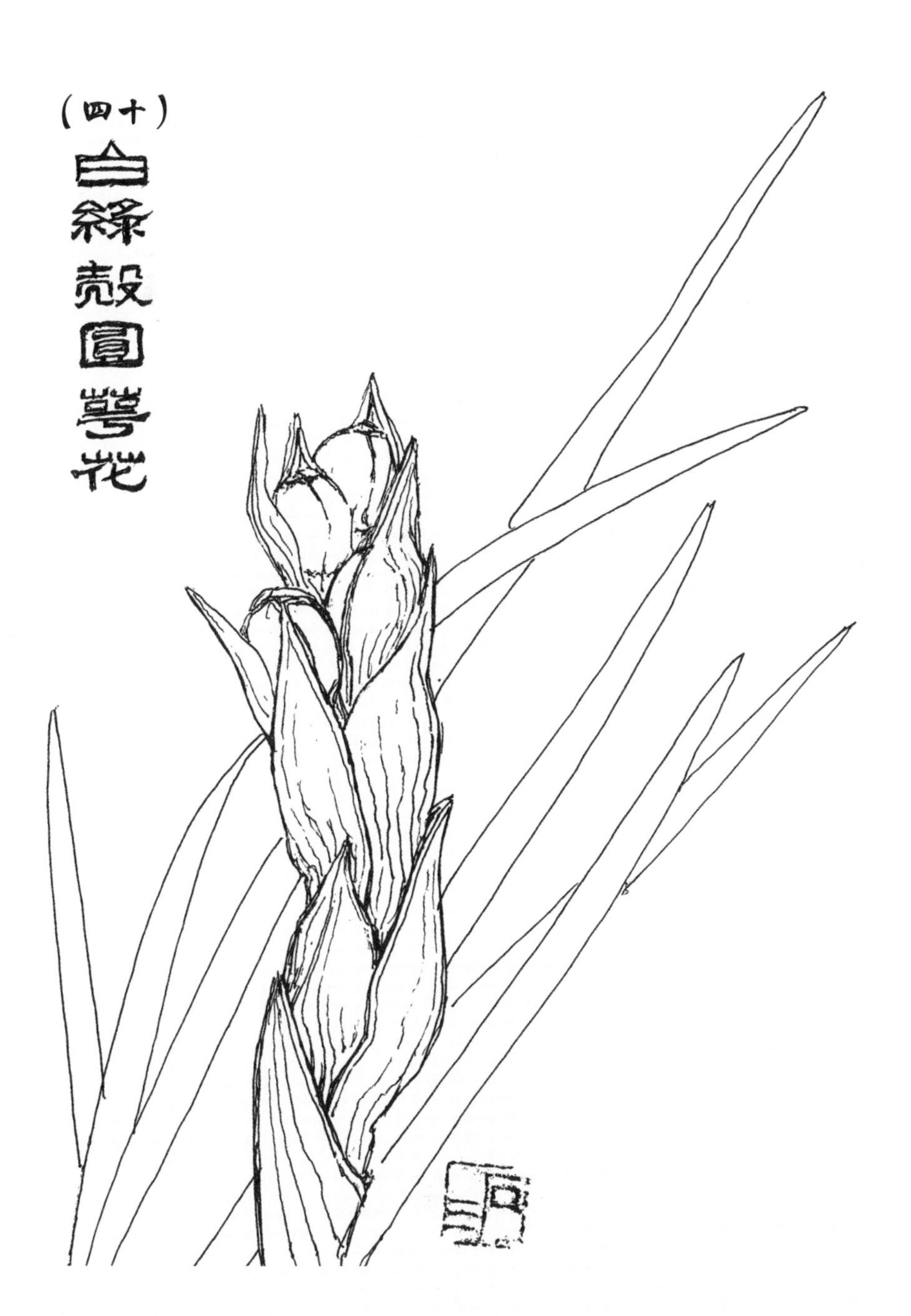
(四十)
白綠殼圓萼花

（四十一）
贋品関頂

（四十二）綠舌素

采蕙赋(附)

翳[1]夫蕙之香草，媲芳兰之令名[2]。春将徂[3]而夏来，睹斯蕊之含英。色妍华而非艳，气清幽而远凝。殊一萼之廉退[4]，标九节之停匀[5]。彼称祖[6]兮就国[7]，斯则王[8]兮代兴[9]。

方其溪壑怀新，崖岩受命，根饮琳腴[10]，花明水镜。与芝秀兮以齐芳，比松贞兮[11]而常盛。乐泉石之生涯，适烟霞[12]之真性。有美难藏，无征不信[13]。岂殊馨之远流，能久处而恒静。

尔乃[14]搜穷谷，访槃阿[15]，披荆榛，抉蓬薖[16]。想奇葩于幽邃[17]，挹异卉于嶒峨[18]。茹汇斯拔[19]，其尤足多。夜鹤怨而哀鸣，山鬼愁而不那[20]。问还山兮何日，嗟入世兮颓波[21]。方诸葛[22]之出南阳[23]，如西子之离苎萝。

若夫清和[24]迟日[25]，黄鸟好音；薰风始扇，膏雨初晴；曲栏月落，小岫烟明。迸苍苔兮绿簭，挺碧杆兮修�[26]；缀连英兮灿灿，蕴静馥兮亭亭。娱佳人之宛意，悦君子之幽情。

尔其[27]恣态异美，丰格[28]殊长，聿[29]观厥[30]类，奚可[31]胜详？圣不一圣，大成为上（叶瀼[32]）；贤非一贤，不变是强。含疵蕴丑，有时更张，出类拔萃，喜非所望。其始也，似宇内之流品[33]，杂贤愚而混茫；其既也，如天际之真人，拨[34]世虑而徜徉[35]。

若乃黄者如金，白者如玉，惟紫惟红，翳青翳绿。任烂熳之如云，贵光华之耀目。其色则繁，其情则独。遇知己而呈妍，愿徽容[36]兮来续；苟一意之未孚[37]，虽十年其不萼（叶岳）。

是以群仙耨于瑶圃[38]，骚人树于碧山（叶生）。风光转而泛丛[39]，露华受而滋荣[40]。得大魂之全力，非寸土以寄生。兹培栽兮近室，仰造化[41]之在人。朝餐其秀，夕服其馨。用[42]捐[43]予之鄙吝[44]，又释予之躁矜[45]。心怡神旷，援琴发声。

鼓曰："幽蕙兮含芳，冰心兮瑶光。意耿耿[46]兮不能忘，安得有人兮与子臧。"又鼓曰："春既暮兮月复明（叶芒），山中人兮素心觊[47]。欲往从之道阻长[48]，中夜[49]踯躅[50]露沾裳。"

性拙如鸠[51]不善鸣，蕙花开处一闻声。自惭律吕[52]粗谐未，哪及黄鹂入耳明。

注释

[1] 翳（yì） 用羽毛做的华盖。文中喻指蕙兰叶子茂盛的样子。

[2] 令名 美好的名声。

[3] 徂（cú） 过去，消逝。

[4] 廉退 犹廉让，谦让。

[5] 停匀 均匀，匀称。

[6] 祖 香祖。《二如亭群芳谱》："江南以兰为香祖。"

[7] 就国 受到君主的分封册封而获得领土领地后，前往该地执行管理统治。文中喻指授予崇高的荣誉。《书幽芳亭》："兰之香盖一国，则曰国香。"

[8] 王 王者香。见前文解释。

[9] 代兴 谓更迭兴起或盛行。

[10] 琳腴 犹言玉液琼浆。

[11] 兮 【校勘】原书无此字。

[12] 烟霞 泛指山水、山林。

[13] 无征不信 没有验证的事不可相信。

[14] 尔乃 这才，于是。

[15] 槃阿 即盘阿，出自《诗经·卫风·考槃》："考槃在阿，硕人之薖。"朱熹集传："考，成也；槃，盘桓之意。言成其隐处之室也。"后因此称避世隐居之处。

[16] 薖（kē） 古书上说的一种草。

[17] 幽邃 指僻远之地。

[18] 嶒峨 高耸。

[19] 茹汇斯拔 出自《周易·泰》："拔茅茹以其汇。"王弼注："茅之为物，拔其根而相牵引者也。茹，相牵引之貌也。"

[20] 不那 无奈。原书作"郍"，同"那"。

[21] 颓波 比喻衰颓的世风或事物衰落的趋势。

[22] **诸葛** 即三国时蜀汉丞相诸葛亮（181—234），字孔明，杰出的政治家、军事家，徐州琅琊阳都（今山东临沂市沂南县）人。早年隐居隆中，后刘备三顾茅庐请出，联孙抗曹，于赤壁大败曹操，形成三国鼎足之势。

[23] **南阳** 《汉晋春秋》：“亮家于南阳之邓县，在襄阳城西二十里，号曰隆中。”三国时隆中属南阳，今属襄阳。

[24] **清和** 天气清明和暖，亦指农历二月。

[25] **迟日** 指春日。《诗经·豳风·七月》：“春日迟迟。”

[26] **修�** 修竹，长竹，文中借指蕙兰的花梗。筠，竹子的青皮。

[27] **尔其** 连词，表承接，辞赋中常用作更端之词。犹指至于，至如。

[28] **丰格** 风度格调。

[29] **聿（yù）** 文言助词，无义，用于句首或句中。

[30] **厥** 其他的，那个的。

[31] **奚可** 怎么可以，怎么能。

[32] **叶瀼** 改“上”读音为“瀼（ráng）”。叶：即叶（xié）韵，一作谐韵、协韵，诗韵术语。谓有些韵字如读本音，便与同诗其他韵脚不和，须改读某音，以协调声韵。下文叶岳、叶生、叶芒同释。

[33] **流品** 品类，等级。本指官阶，后亦泛指门第或社会地位。

[34] **拨** 排除。

[35] **徜徉** 安闲自得貌。

[36] **徽容** 美好的风范，美好的容貌。

[37] **未孚** 未能信服。

[38] **群仙耨于瑶圃** 出自晋王嘉《拾遗记·昆仑山》：“第九层，山形渐小狭，下有芝田蕙圃，皆数百顷，群仙种耨焉。”耨（nòu）：锄草，除草。瑶圃：产玉的园圃，指仙境。

[39] **风光转而泛丛** 出自《楚辞·招魂》：“光风转蕙，氾崇兰些。”氾，同“泛”，泛行、漂浮，引申为摇动。崇，聚也，与丛同义。冒襄《兰言》：“惟春夏之交，兰叶滋荣，咸受风润，风之光从叶上见，故曰‘光风’，又曰‘风光’。”

[40] **滋荣**　生长繁茂。

[41] **造化**　福分，幸运。

[42] **用**　于是，因此。

[43] **捐**　舍弃，抛弃。

[44] **鄙吝**　过分爱惜钱财。

[45] **躁矜**　即矜躁，矜夸躁急。

[46] **耿耿**　心中挂怀，烦躁不安的样子。

[47] **贶**（kuàng）　赐，赏赐。

[48] **从之道阻长**　出自《诗经·秦风·蒹葭》："溯洄从之，道阻且长。"辞中借指采蕙路途艰辛。

[49] **中夜**　半夜。

[50] **踯躅**　徘徊不进貌。

[51] **性拙如鸠**　即鸠拙，鸠拙于筑巢，故以鸠拙为自谦愚拙之词。词出《禽经》："鸠拙而安"，张华注："鸠，鸤鸠也"，即布谷鸟。

[52] **律吕**　古代校正乐律的器具，由12条管径相等的竹管或金属管制成，以长短来确定音高。从低音管起成奇数6条管叫做"律"，成偶数6条管叫做"吕"，合称"律吕"。后亦用以指乐律或音律。

今译

啊，你是称名为蕙的香草。长得何等茂盛！

你与芳兰一样都有一个美好的声名。

当春天的足迹渐已远去，夏天的身影正快速临近，

此时可看到你放花吐香，犹如铃铛般一串一串。

你的花朵形象华美，可你却本份得无意与别人比艳，

更有质朴宁静的清香，能持久悠远。

细赏这异常的一莛花，多像深林里逸隐的幽人！

九花匀称，朵朵显露出高洁的风韵！

有人赞誉你为“香祖”和“国香”，

也有人歌颂你为“王者之香”（香中之王）。

你挺立在沟壑溪边，未曾忘却自己怀抱的远见，

悬崖山岩虽远离尘俗，你心里却时刻准备着能受命于天。

润泽净洁的根，形如美玉般剔透晶莹，

花朵更如流水般镜洁、清澈，明德惟馨。

仙草灵芝与你亲密无间，共同具有芳菲的美名

你跟劲松一样四季长青，心里怀有君子的幽贞。

你爱扎根在山泉边、石隙间，

云遮雾罩的山里，是你最为喜欢的立足环境。

君子虽默默归隐深山，仍难藏他高洁远扬的美名，

平庸者尽喜招摇过市，却缺乏让人敬服的成就实证。

有谁能阻挡住你特有的清香远沁！

谁能像你久居深谷，持守君子节操心胸平净。

人们百计千方把深邃的山谷搜索穷尽，

不畏艰险攀登山岩，足迹踏遍回旋曲折的山巅，

披荆撷榛如选拔人才那样，去茅舍把守志者恭请。

幽思这些善美的名花，在冷寂的远山间藏身，
人们要撷取它们，必往高峻的深山里求寻，
如果这样源源地下山，被选拔为捞钱的商品，
这人间绝美的珍品必会越来越多地流失殆尽。
深山修身洁行的隐士在声声叹息自己的无奈，
山上的女神不悔与蕙的幽会，她痴情地一直在等待。
问心上人蕙啊，你何时再能回山间相会？
慨叹你到了世俗会一去不回，如那奔腾的江河流水，
好似诸葛高隐受命，而永远离开了南阳的柴门草舍，
又像是西施姑娘，身负复国大业，被选赠吴王，故乡难回。

这是四月间，一派阳光和煦的初夏天气，
枝头黄鹂鸟鸣声悦耳，欢唱不息。
暖和的东南风轻吻着人们的脸颊，令人舒适，
昨夜那场滋润草木的及时雨才刚刚停歇，
晨初，依偎栏杆极目远望，已是月落天底，
高低错落的远近峰峦，时隐时现弥濛在雾海里。
那冲出苍苔的绿壳花苞，
已是绿梗修长挺拔，宛若修竹几支，
梗上蕙花朵朵有序地悬挂，像铃铛般耀眼秀丽，
他们亭亭玉立，怀里幽藏着清纯的香气！
仿佛是美人（才子）把谦和的心志托寄，
又好似在赞誉君子深深的幽情厚意。

你的姿色是出众的秀丽，
风韵更是别致的旖旎，
与其他的那些同类相比，
他们哪会有声望远高的知己！

是否是出类拔萃的圣人?
须看他有否值得崇尚的成就实绩。
是不是有德有才的贤人?
须看他是否一辈子能固德守节,
适应时宜,宽容别人的醜诋诬蔑,
能这样做的人,才彰显为出类拔萃的俊杰!
察看蕙花是否具有希望?
花开初时,
他们如人类社会初期,流品混杂,人心不齐,
贤良人与愚昧人,难以分出拙劣与优异。
花开后期,
佳花如得道的仙人,能徜徉天际,
有能力把纷繁的社会治理得自在安适。

这是黄色的花,如金子般灿烂亮丽,
那是白色的花,形象似玉石般净洁,
紫色花和红色花,更是难以寻踪觅迹,
还有潜藏在青壳绿壳内的异种,堪称新奇,
他们开得烂漫如云,纷繁旖旎,
都是光彩耀眼,尊贵至极。
虽然说他们颜色众多,秀美缤纷,
给人的情感却有着君子的孤傲与审慎,
遇相知的朋友,会呈现出无限的美妍欢情,
但愿形象善美的朋友能再多多添加时时有新。
假如某个环节对他们照顾疏忽,缺少了诚心,
就可能会遭到长长十年里花苞不肯再起的报应,
因为他们是仙种!栽培他们的曾是瑶圃里的群仙,
因为他们是珍种!曾是屈原亲栽在碧山上的玉树奇品。

季节的变换，熏风的催发，使他们株叶苍翠，
露水的润泽，雾气的滋养，使他们一派生机。
如果他们没有得到天地所给予的宏大力气，
仅靠那一丁点儿泥土，怎么可能长期生寄？
近人的屋宇舍间，是他们立足起居之地，
培育繁衍，全仰仗人能对他们勤奋护理。

晨间，以花为食，是言雅人的风骨高洁，
晚间，饮以花所酿的香醇美酒，是言君子的善美不变。
他们给我勇气，把内心中的浅薄与鄙陋抛弃，
他们让我释怀，把胸腑里的轻狂与浮躁清洗。
由此我心情开朗，愉悦无比，
取出古琴，拨动琴弦，
就自弹自唱起：
幽谷里的蕙花哎，你满含着芳菲，
心地明亮唷，如美玉般无瑕清丽；
要做个光明正直的人，此训不可忘记，
朋友啊，你在哪里？我愿与你善好一起。
接着又唱：
曾记得那已是暮春时节，月色朗朗，万籁俱寂，
山里友来人相告，要赠我素心蕙花的消息；
心想跟他去一取，却畏山路坎坷又偏僻，
我犹豫不决，独自徘徊到午夜，任衣服被凉露沾湿。

我只会像布谷鸟咕咕鸣叫，生来不善吟唱优美的曲调，
在那蕙花开放的地方，耳边传来鸟儿婉转的声声鸣叫，
对比之下，自愧五音不全，声色粗糙，
怎能像歌喉婉转的黄鹂鸟，能唱得入耳动听不跑调！

悼蕙诗（附）

一枝佳蕙似娇娥[1]，其奈昙花一现[2]何。芳谱即须留艺术，还丹[3]虚说[4]起沉疴[5]。深情极爱猜防[6]甚，覆雨翻云懊恼多。此日再寻寻不得，绿窗静坐泪婆娑[7]。

昔年相见便惊心[8]，珍重相于[9]亦到今。应自瑶台[10]初降谪[11]，谁言尘世可留停。烟霞性癖难求侣，蜂蝶情狂不敢侵。仙种自来无样比，惘然春迹梦沉吟。

图将容貌只些微，难写清香在骨肌。一种芳情天付与，半生聊赖[12]我相知。碧苔微雨初晴候，幽室无人独赏时。恨煞杜兰[13]仙女伴，引归天上斗华姿。

注释

[1] **娇娥** 美人，美貌的少女。

[2] **昙花一现** 比喻事物之乍现即逝。《长阿含经·游行经》：“（佛）告诸比丘，汝等当观，如来时时出世，如优昙钵花时一现耳。”优昙钵花，即昙花。

[3] **还丹** 道家合九转丹与朱砂再次提炼而成的仙丹，服后可以即刻成仙。

[4] **虚说** 无稽之谈。

[5] **沉疴**（kē） 拖延长久的重病，难治的病。

[6] **猜防** 猜疑防范。

[7] **婆娑** 流滴貌。

[8] **惊心** 内心感到惊惧或震动。

[9] **相于** 相厚，相亲近。

[10] **瑶台** 指传说中的神仙居处。

[11] **降谪** 贬谪，旧指官吏降职并被贬往远离京城的地方。

[12] **聊赖** 依赖，指生活上的凭藉或精神上的寄托。

[13] **杜兰** 即杜兰香，见前文注释。

今译

盆中开有一莛佳蕙，她恰似青春少女，是那么妩媚璀璨！
她的生命怎么像一现的昙花？无奈竟会是如此短暂；
正当《兰蕙谱》打算要摄影留存她倩影的时候，
未料她却突然归西，连还魂仙丹也无力把她回挽。
回忆我与她真可谓情爱至深，心里生怕存有怠慢，
却是人的朝拨暮弄过多折腾，由爱成害，悔恨已晚；
今后再要想把她寻回，真是比登天都还要困难！
绿窗前，我悔恨与痛心交加，洒下多少泪蛋蛋！

记得那年曾与她邂逅相遇，一眼就让我颠倒神魂，
打那时至今，我对她珍爱尤加，时刻总是相依相伴；
我知道她准是从仙界贬谪下凡，
很难说她是否能够久居人间，
她生性孤傲，喜幽居云雾笼罩的深山里边，
连狂妄不羁的蜂蝶也不敢去乱窜近身。
仙种在人间是唯一独有，别蕙素来是不能胜妍，
我失意惆怅，时常在梦境里把她的行踪追寻。

这蕙花图虽然姿容画得形象逼真细微，
却难以描绘出她内蕴的清香和孤傲的骨肌；
要说人对蕙的慕求，实在是命中注定的天意，
寄托半生的情结，惟我和她相伴相知。
当那苔色新绿，潇潇春雨初晴的时候，
兰室清幽，静坐独赏蕙花正幽放昂首，
心里却是把杜兰仙女深深地恨透，
因为是她把仙种带回天间去斗芳競秀。

（罗振常校识）

右《树蕙编》一卷，前有嘉庆癸酉时轩自序，并有“石里花农”题辞，称为方时翁。据此知作者方氏号时轩，嘉庆时人，其名字、爵里[1]均无可考。然观编中自序，称其伯祖萼亭与沈归愚等唱和，则亦世家[2]名族[3]。

凡稗史[4]、小说[5]、花谱、剧曲诸类之书，著者多隐其名。稗史恐触时忌得祸，小说、剧曲、游戏笔墨，宜其不欲留名。若莳花，亦雅人深致[6]，乃亦讳之，殆以此为玩物丧志欤。

自来艺兰者多，艺蕙者少，方氏独专意养蕙，本其毕生见闻经验，作为此编。其种类名目，怪怪奇奇，不可殚述[7]。栽培灌溉，本之实验，皆可取法，非《花镜》[8]等书之比（《花镜》养花法多不适用），故校而印之。

原本为旧钞，乃震泽[9]王氏藏书，有王嘉璇印及温甫[10]二记。

罗振常[11]校毕并识

注释

[1] **爵里** 官爵和乡里。

[2] **世家** 世禄之家。后泛指世代显贵的家族或大家。

[3] **名族** 名门望族。

[4] **稗史** 记载民间轶闻琐事的书，与正史有别。

[5] **小说** 《汉书·艺文志》谓街谈巷语，道听途说者所造为小说，列于九流十家之末。其序称“小说家者流，盖出于稗官，街谈巷语，道听涂说者之所造也。”后以称丛杂的著作。

[6] **雅人深致** 指高雅的人意兴深远。亦用来形容人的言谈举止高尚文雅，不同于流俗。

[7] **殚述** 详尽叙述。

[8] **《花镜》** 清代园艺专著，成书于康熙二十七年（1688），有多种刻本传世，又名《秘传花镜》。编撰者陈淏（1615—1703），字爻一，号扶摇，自号西湖花隐翁。全书六卷约11万字，其中卷五《花草类考》载有“瓯兰”“蕙兰”“建兰”三篇。

[9] **震泽** 即震泽镇，今属于江苏省苏州市吴江区，位于吴江区西部，江浙交界处，北濒太湖，东靠麻漾，南壤铜罗，西与浙江南浔接界。

[10] **温甫** 可能为民国藏书家潘承厚（1904—1943），字温甫，号蘧庵，江苏吴县（今苏州）人。他与其弟潘景郑的“宝山楼”藏书曾达30多万卷。又工于书画，精于鉴赏，擅长山水花卉，曾任故宫博物院顾问。

[11] **罗振常** （1875—1942）近代学者、藏书家，字子经，晚号邈园，浙江上虞人，侨居江苏淮安，为近代著名学者罗振玉的季弟。少艰苦励学，工诗古文辞，曾在辽东任教数年。中年在上海设“蟫隐庐”以藏书，精于校勘，并影印古书发行。著有《南唐二主同词汇校》《洹洛访古记》《征声词》《古凋堂诗文集》等，编有《蟫隐庐书目》《蟫隐庐新板收目》《蟫隐庐旧本书目》三种，刻有《邈园丛书》等。

原书后记译文

《树蕙编》一卷，书前有嘉庆年间方时轩的自序，并在石里花农的题辞里将作者称呼为方时翁。由此可知方氏，号时轩，清朝嘉庆时人，他的名字、官爵和乡里，尽管无法得到考证，但参阅本书“自序”内容，作者称自己的伯祖方萼亭与沈归愚等名流曾在西塘唱和，可知方家也应是世家名族。

在那个时代里，对于稗史、小说、花谱、剧曲等各类书籍，大都不署作者姓名，尤为稗史因顾虑到触犯当时的忌讳而招来祸祟，至于小说、剧目、游戏笔墨等最好也不要留名。譬如莳养花草是文人们的意趣与情爱，但也是一种忌讳，大概因为它也是一种玩物，而既是玩物就会丧志嘛！

一向以来，在兰人群里，总以艺兰者为多数，艺蕙者为少数，而方时轩先生却情有独钟，特别专一地喜欢莳蕙，本着他毕生对兰蕙的所见所闻，以及在实践中所取得的经验作为依据，写成该书。书中介绍的种类和名目，奇奇怪怪，不可尽述，介绍栽培与灌溉的方法本就源于他的实践，读者都是可以采纳和仿照的，不是像《花镜》那种书能相比的，《花镜》所介绍的养花方法，大都是不适用的。为此（本人）对该书先是作了审校工作，然后把它付印成书。本书所依据的版本为旧抄本，系江苏震泽王氏藏本，抄本盖有“王嘉璇印”和“温甫”二枚印章。

罗振常校毕，并写下这些见识。

《树蕙编》特色点评

《树蕙编》著者方时轩先生江苏吴江人，一生经历了清朝的乾隆、嘉庆和道光三个朝代。方氏祖上数代，都是从小苦读经书，几经寒窗，辈辈几乎都有人高中后在当朝为官，所以方家既是远近闻名的书香门第，又是有财有势的官宦大家族。

方时轩的祖父，伯祖父们除了在衙门理政之外，也常参与当时社会名流的一些文化活动，尤甚钟情莳兰树蕙。每年春天兰蕙放花的时节，有人会发起诗会雅集，邀请地方名流权贵、墨客骚人，欢聚一起赏鉴兰花，颂兰歌蕙，敞开心扉，饮酒斗诗，抒发他们深爱兰蕙的一片情怀，《西塘酬唱集》就是从江南水乡吴江老城西塘河畔的兰花雅集中创作的那些诗抄集子。年少的方时轩在这样的氛围里自然地受到中国兰花文化的熏陶，铸就了他对兰蕙的一往深情，直至后来的极度迷恋。安乐富裕的家庭，无须他去求一官半职或经商营贾来养家糊口，靠祖上留下的“老底子”，足可让他过好日子，而且有足够实力选买花船里、兰担上的那些一等一的佳蕙异品，在本书石里花农所写的序里就有“蒐兰不惮烦，买兰罄所蓄”的描述，足见方先生的经济实力，也可知他对兰花的一片痴情。正是这种痴情，让他深潜兰海，不息探索，历练出对蕙兰的深入研究，总结出个性独到的见解。

一、《树蕙编》取材于作者自己的莳蕙实践，所介绍的见解和栽培技巧，都是作者自己的真知卓识。

作者自述《树蕙编》内容是自己的“所见所闻，随得随录”如小鸟做窝，其知识至深实在是非一日之工夫。编撰该书时间尤为漫长，书前自序写于嘉庆十八年（1813），书中记录最迟年份为道光十五年（1835），延续整整二十二年！该书内容充实，有作者独特的见解，有启发性和实用性，自古以来，没有一本专著述蕙的广度和深度能超过他的。例如选根：要“鲜润，肉白”，若“色紫，根肉空松如棉花的是死根，不易活”。又例如选叶：“叶子形状，不论阔狭长短，颜色不论深浅，都必须肥厚柔挺。”话虽不多，若细细体味，已经点出关键之处，他把如何看根、叶与花的关系告诉了你。这是为啥？书中概括说：“死根殊难望活”，又说“花之发，必在壮叶”“花为叶之英华，叶茂则花多”“养叶难于养花”。有人养了十几年的蕙，就是不肯开花，究其原因有自然的关系，但根本原因是人“失于养护”。对此方翁告诉你：春时，“二三月叶坏，其伤在风……一冬关闭，骤然受吹，即致百病。且蕙不患冬风，而独畏春风。”“夏日置庭中……蔽以苇箔……详审妥处，要日少阴多、雨露不隔、风燥露湿，又藉日之微阳。”“冬时置室中，叶不可冻，根勿太干。土若燥裂，则根之滋反为土蚀；太湿则根不收水，易冻而烂。”这短短一段话，一年四季已全都包括，话语说得句句实在，概括精到，真是言简意赅！在古今的兰书上你可见到过有交代得如许真切的话？涉及到光照、浇灌、气温等有关养护工作的辩证关系，字数却不到一百，犹如一位老友在透彻地点拨你对蕙兰的养护要义，无限亲切，非常受用。

二、语言朴实，事例生动，是《树蕙编》的写作手法。作者用贴近生活的事例作比喻，饶有趣味地让你懂得一个个道理。

生活中的兰人，常喜围聚于兰摊边，凭着花苞形状特征，议论蕙花花品的高低。方翁说：“萼未见而欲知其佳否……此真一气初胎，贤愚未兆。”原来鉴评蕙品要以蕊头（萼，小花苞）形状初开作为依据，七八层衣壳裹着的大花苞仅如婴儿初孕，你怎能知道这肚中孩子将来是聪明的，还是愚昧的呢？有人说蕙兰无花时，叶子也可看出花品的好与差。而方翁说：“以叶论花，犹未孕而卜男女。”让人在充满哲理的笑话中获得知识。

书中对构成蕙花的各个器官也多采用民间比喻俗语，具有形象化，通俗化，如舌瓣的形状，除在别书中所见到的“刘海”“执圭”等外，还有称名“鹦哥”“荷包”“白沙”“绿沙”“点绛”“老来红”“杨妃”“翡翠”“蜜蜡”“勺形”等等一整套舌名。很多都是别的兰书里所未见过的。对此，我们也可以体会到作者开阔的眼界，细微的观察能力和既有传统又有创新的审美方式。

方翁在本书《杂志》部分里发表议论说，选觅佳蕙如选拔优秀人才，非常不易，他说："佳蕙在山，不为人知，为樵夫、牧子所蹂躏者不知凡几，其出于人间而坎坷蹭蹬以死者，又不知凡几……能表见于世，而为人所珍重欣羡者，幸耳！蕙犹如此，人胡不然。"一句总结性的妙语，突出了以花喻人，反过来却又是以人喻花，花与人之间，有很缜密的逻辑性和思想性。

方翁认为人有"人格""人品"的要求，古时称德行好的人为美人（君子）；将人喻花，他明确提出，蕙也同样有"花格""花品"方面的具体要求，合乎"格"与"品"要求的蕙才能称为佳蕙（香草）。例如对花格的要求，他定了五个标准：即疏萼、昂簪、大舌、瓣厚阔、梗长挺。对花品的要求则有四个标准：即平肩、收根、外瓣含抱、捧心紧合。归纳出这些标准，绝非是作者信口开河，而是他联系到蕙兰的审美与鉴赏，联系到人们生活中的辩证唯物原则，是在自己一生树蕙的过程中长期观察比较，再经积累升华所得出的体会。

"浇水三年功"，是资深兰人在兰蕙灌浇操作中的感慨之言，意谓掌握好浇水的"时"与"度"是非常不易的管护技术，很多人说三年都还不够哩，作者把给蕙浇水比作"花之饮食，不可无节""若早晚失时，多寡失度"，很少见有苗株不生病的。他认为给花浇水如人饮水喝汤一样重要，须懂得去适应花的特性，其原则就是要做到"干湿得宜"四个字，即对浇水的时间和量的多少要扣得刚刚好，仅此四字，对于今天的兰人，可能听得已不再新鲜，但要说真正掌握好浇水功夫、做得好的人，可能历来都并不太多。

三、事物都会不断变化，这一真理"普遍存在于天地之间，万物之中"。人会变，花会变，这是自然规律，方时轩在书里反复强调了一个"变"字。

屈原在《离骚》里叹："兰芷变而不芳兮，荃蕙化而为茅。何昔日之芳草兮，今直为之萧艾也？"其说就是一个"变"字，屈原以花喻人，他一生培养了许多学生为国效力，但在宫庭中也还会有败类出现，他们如兰，已变得无香，他们如蕙，已化为茅草。

书中，方时轩则以自己在莳蕙实践中的一个实例为依据来论述蕙花易变的事实，他说有一盆梅瓣新蕙，初开时花形圆短，口开头空，三瓣净绿，硬白捧心，油盏（圆而大）舌横阔竖短，如人之拳。可是在开放数周之后，三瓣却翻卷如绳，仰鼻，捧心粘连，舌形下垂，其花变得丑陋不堪。他压根儿没有想到初开是这样上等的佳花，竟会变得如此不可入品！就像那些大家出身的子弟，小时候颇露头角，之后渐长，竟成邪辟秽滥之流。

《孔子家语·在厄》："芝兰生于深林，不以无人而不芳；君子修道立德，不谓穷困而改节。"在几千年中国社会变革中，有人志向远大，也有人意志沦丧，儒家学说如甘泉清流滋润着历代的读书人谨守节操，坚持在困难中不断进取。

历朝以来，对于人变了节操都视为是最可耻的事，要遭到千人咒骂，万年遗臭。方翁认为花也有"操守"，如蕙花刚开时是"平肩""含抱"的，但开久就渐落或向后翻卷变成"垂肩""则佳者亦丑"，其形变成"仰瓦""则阔者亦窄"，还有"反剪"与"硬根"。所说这四个方面在花后期呈现出的缺点就是犹人变节，被称为"花守不好"的蕙花，他认为真正高品位的蕙花，其花守不会变。作者在《怨蕙歌》里唱道："盖棺论定岂惟人，蕙未开残莫认真。无限欢情无限恨，被他小草误三旬。"其意思在说评人须待盖棺之后，评蕙须待谢花之时。他在《萼》这一节里说："萼，花初出于壳者，所谓菰都也"，有人问"花出则可定其臧否乎？"他回答："不然。蕙，善变者也。剪落插瓶，尚生变态，初出胞衣，有何可据……花未放终，不能定其品也"。

四、赏析《采蕙赋》和《悼蕙诗》。

二诗反映出作者方时轩先生心爱至深的蕙兰情结，也反映出先生具有兰文化的深厚功底以及对兰蕙鉴赏的美学修养，内容别致，构思精妙，意境空灵，气韵生动，具有现实主义与浪漫主义相结合的风格。为本书增添许多古韵的趣味特色。

1.《采蕙赋》

赋是古代流传的一种文体，属古诗的一个流派，源于战国时代，到了汉代已形成为一种特定的文体。它讲究文采、韵节，兼具诗歌与散文的性质。历代的文人们常喜用这种歌文结合的形式自由表达内心的思想情感。

全赋可分为五部分。

第一部分：以“色妍华而非艳，气清幽而远凝”等排比与对仗的修辞手法从姿、色、气、韵几个方面描写自然环境里蕙花秀美的形象特征。接着用夜鹤哀鸣、山鬼忧愁、诸葛出南阳、西施离苎萝四个典故，表白作者内心对蕙兰资源在山上被人为采挖殆尽的痛惜。

第二部分：从“若夫……”开始，描写暮春，初夏的天气。用清和迟日，黄鸟好音，熏风始扇，膏雨初晴，曲栏月落，小岫烟云等如古代散文游记般的优美词语，写初夏美丽的景色，宛若一幅风景画。又用苍苔、绿干、挺碧、修�、连英、蕴静馥等词语写此时蕙花开放，姿色俊美。辞中用姿态异美，丰格殊长，并以娱佳人、悦君子二词作为结语，表达在欣赏蕙花过程中愉悦的心情。

第三部分：从“尔其恣态异美……”开始，内容转为议论，作者提出什么是圣人和贤人的标准？除了“操守不变”，还要能“含疵蕴醜”经受得起委屈，这样才能在贤愚混杂的社会中“出类拔萃”，做一个如徜徉天际的真人，有能力治理国家社会。这段文字似乎是在讲蕙的“花格”“花守”，其实意思双关深寓，也是在强调如何做一个完美之人。深化了《采蕙赋》的主题思想。

第四部分从“若乃……”开始，意思转入对蕙花品类形象的描写与介绍，如黄者如金、白者如玉、烂漫如云、光华耀目，夸赞蕙的花色繁多，身价奇高，是群仙种在瑶圃里的仙草，是屈原等文人种在碧山上的玉树，她们得天地精华的滋养，才能在少量一抔土里生长。所以人们应看重和关怀她们，如果你“一意未孚”（某个小处没照顾到），她就会“十年不萼”，如果人与蕙能彼此相依，朝夕相伴，就能让你心旷神怡，陶冶情操，丢掉浮躁与烦恼，做一个快乐的人。

第五部分从“鼓曰”始，共有两节唱词。第一节用含芳，冰心，瑶光三词，来赞美素心佳蕙芳香绵绵，冰清玉洁。它寓情于对君子心地高洁，理想远大的颂扬。第二节意境描叙，是暮春一个月华如水的夜晚，有个爱蕙的人向往得素心佳蕙的迫切心情，歌声中有暗喻作者想学做个素心人的愿望。

（正文到此结束，后边几句，都是作者自谦的话。）

2.《悼蕙诗》

《悼蕙诗》是一首七律古诗，内容写一株（丛）美若天仙的佳蕙，因人过当的溺爱而反致枯萎所引出的深思和佳蕙离去后的惆怅与寂寞的心情，诗眼就是一个“爱”字，它告诫爱蕙人去思考怎样才称得上真正的“爱蕙”。全诗共分三节。

第一节以娇娥、沉疴、深情极爱、覆雨翻云、懊恼多等关键词语，歌咏奇美出众的佳蕙，叹息因覆雨翻云的人为深情极爱而酿成夭折，导致悲伤悔恨的结果。

第二节联系有关兰蕙的民间传说，用惊心、瑶台、降谪等词语，先写回忆当时刚得到佳蕙时惊喜激动的心情，赞美她的珍贵是因为原是瑶台仙女贬谪而来，再写因她的失去所引起的深思和失意。

第三节以清香、骨肌、天付与、半生聊赖、杜兰仙、斗华姿等词语，吟咏佳蕙具有天赋的丽质和清香隽逸的风骨，曾与“我”为伴半生，亲密无间。结尾采用民间故事常用的浪漫想象手法表达作者美好的愿望，叙述佳蕙离开人间是仙女杜兰把她带去天上，要她与众花们去比姿颜！

最后让我们再概括地总述一下，大家已读过很多既写春兰又带写蕙兰跟其他兰的书，曾有过一册《蕙花镜》，可是它刚面世没多久就被改名成《兰蕙镜》，猜想原因是其内容有很多是涉及到春兰。而《树蕙编》则是一册纯粹写蕙兰的专著，古今实属稀罕。方时轩先生以“树蕙”为主题把自己曾经学过的、看到的、想到的、做过的许多有关蕙兰的丰富知识，都写在这册书里，它教你如何选种、如何培护、如何鉴赏等，所涉及的内容具有实践性、科学性、文学性、艺术性、应用性、趣味性。它曾在作者的袖袋里雪藏过，出版后又长期在图书馆沉睡半个多世纪，至今已是时光远去，留存杳然。而今它以崭新的面貌摆在你的眼前，捧在你的手上，能让你好好地读一读，能开阔你心际里的蕙花世界，能辅助你栽培好蕙兰。朋友，你是否感到它的珍贵？你是否认为能够得到它是一种幸运？请细细地多读几遍吧！

莫磊撰文